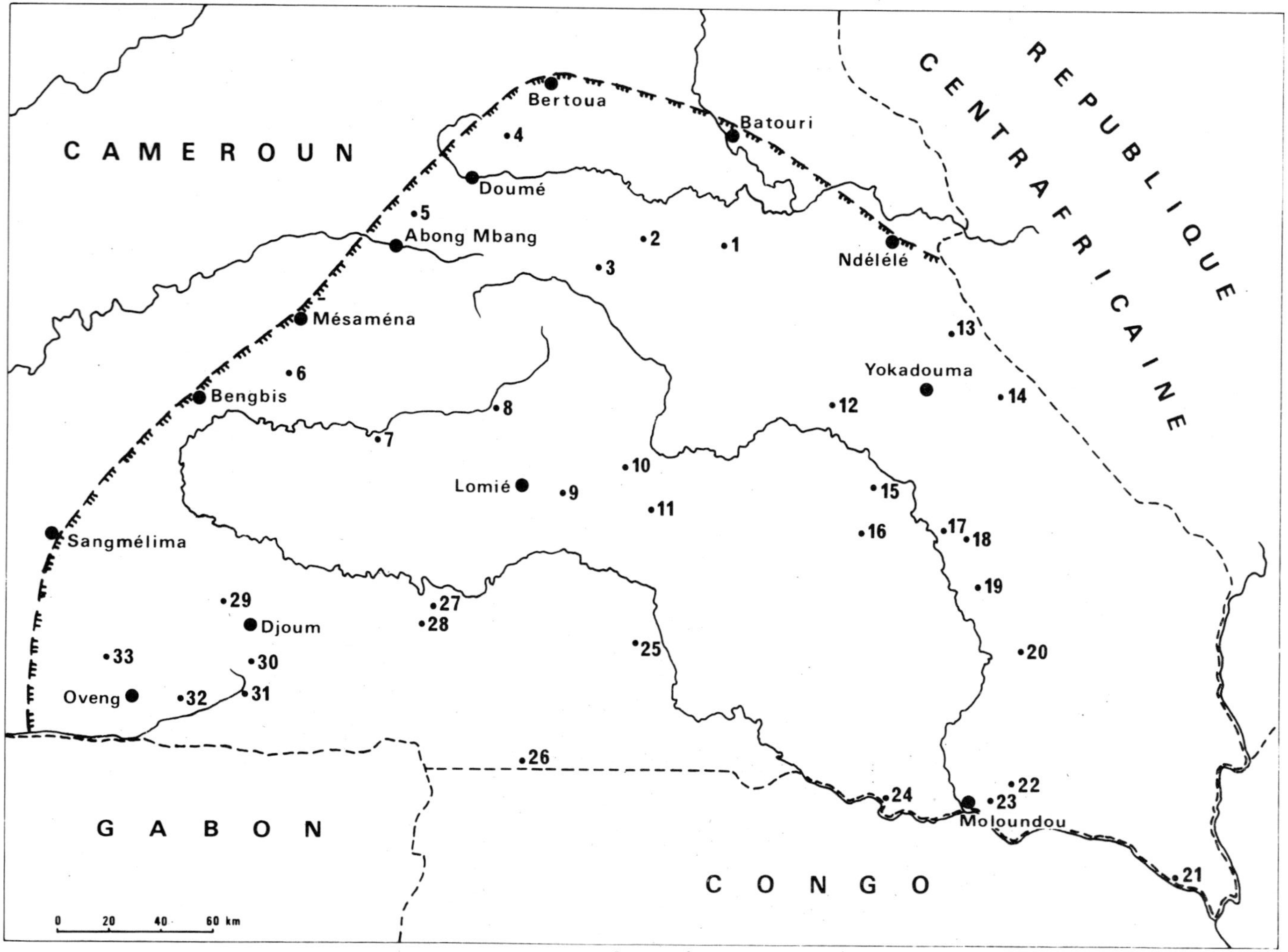
CAMEROUN
REPUBLIQUE CENTRAFRICAINE
GABON
CONGO
Bertoua
Batouri
Doumé
Abong Mbang
Ndélélé
Mésaména
Bengbis
Yokadouma
Lomié
Sangmélima
Djoum
Oveng
Moloundou
1
2
3
4
5
6
7
8
9
10
11
12
13
14
15
16
17
18
19
20
21
22
23
24
25
26
27
28
29
30
31
32
33
0
20
40
60 km

Carte 1

CONTRIBUTION DE LA BOTANIQUE
AU PROBLÈME
D'UNE ÉVENTUELLE LANGUE PYGMÉE

Carte 2

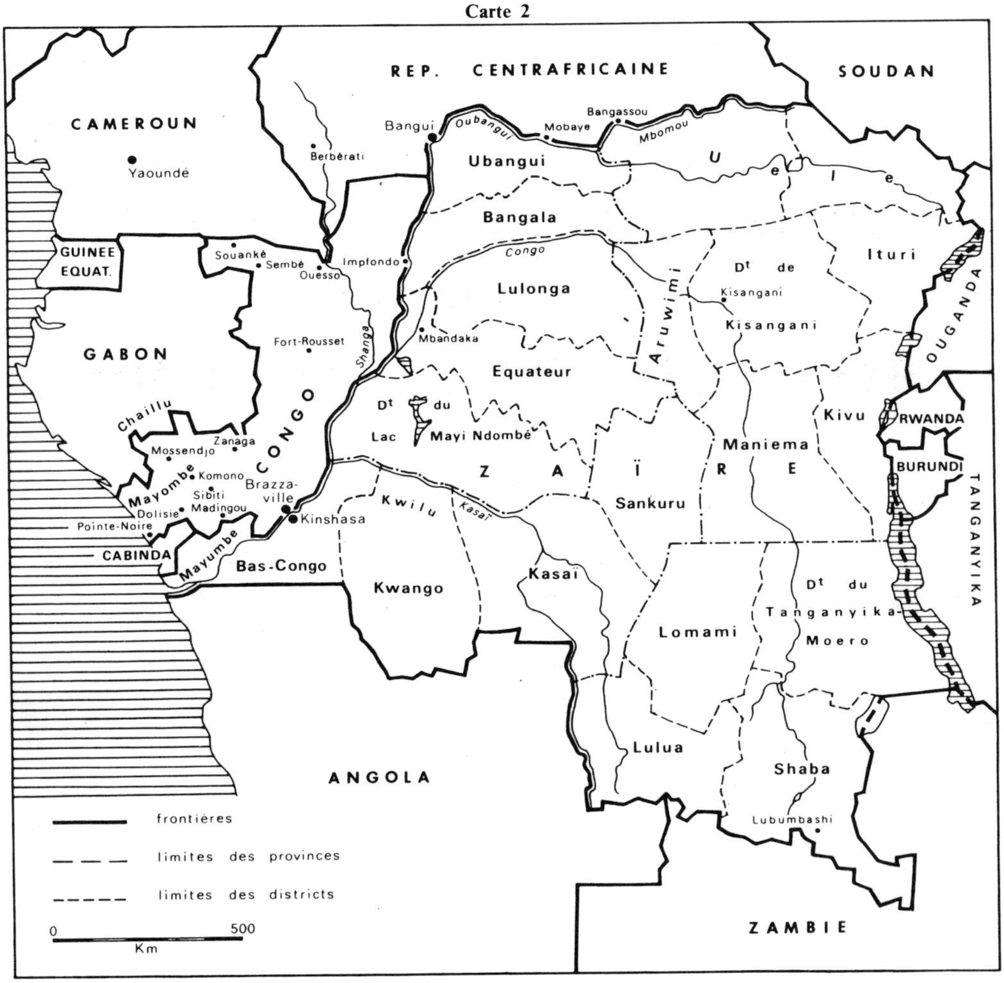

NOTA : pour le Zaïre, divisions administratives du temps de l'ouvrage de Duchesne (1938).

SOCIÉTÉ D'ÉTUDES LINGUISTIQUES ET ANTHROPOLOGIQUES DE FRANCE

57-58

René LETOUZEY

CONTRIBUTION DE LA BOTANIQUE AU PROBLÈME D'UNE ÉVENTUELLE LANGUE PYGMÉE

Publié avec le concours du

CENTRE NATIONAL DE LA RECHERCHE SCIENTIFIQUE

1976

ISBN : 2-85297-082-1

Imprimerie **SELAF** - CNRS LP 3-121
Paris 10e (France)

RÉSUMÉS

René LETOUZEY - Contribution de la botanique au problème d'une éventuelle langue pygmée.
1976, Paris, SELAF (Bibliothèque 57-58).

Les Pygmées bibaya du Sud-Est camerounais utilisent une langue manifestement très voisine du ngbaka de République centrafricaine mais divers indices laissent supposer que ces Pygmées ont eu autrefois une langue propre ; l'étude des dénominations d'arbres et d'arbustes vient confirmer cette hypothèse. Les comparaisons effectuées avec divers relevés de noms de plantes du Cameroun, du Gabon, du Congo, de République centrafricaine, du Zaïre, comportent des problèmes d'ordre linguistique et d'ordre botanique ; elles mettent en évidence des "filiations" de dénominations, parfois d'une extrémité à l'autre de l'Afrique centrale. Certains termes ont été empruntés par les Pygmées à d'autres populations et l'inverse paraît aussi vrai, bien que plus difficile à mettre en évidence. Cependant une étude comparative portant sur 360 espèces et 366 dénominations montre que 104 de ces dernières peuvent être propres aux Pygmées bibaya, que 239 se rattachent à des langues oubanguiennes ou bantoues et que 23 sont de position douteuse.

René LETOUZEY - Contribution de la botanique au problème d'une éventuelle langue pygmée.
Contribution of Botany to the problem of the supposed existence of a Pygmy language.
1976, Paris, SELAF (Bibliothèque 57-58).

The Bibaya Pygmies of the South-East Cameroon speak a language which is obviously very close to the Ngbaka spoken in the Central African Republic, but several traits lead us to suspect that these Pygmies used to have a language of their own ; the study of the denomination of trees and shrubs tends to confirm this hypothesis. The comparison to names of plants recorded in Cameroon, Gabon, Congo, the Central African Republic and Zaïre comprises problems which are linguistic and botanical ; it shows the existence of "filiations" of denominations, some of which may be found from one end to the other of Central Africa. Certain names have been borrowed by the Pygmies from other peoples and the inverse trend seems also to be true, though it is more difficult to prove. A comparative study of 360 species and 366 names shows that 104 of the names might be Bibaya Pygmy, whilst 239 are to be classified as belonging to the Ubangian and Bantu languages and 23 have a dubious position.

René LETOUZEY - Contribution de la botanique au problème d'une éventuelle langue pygmée.
Der Beitrag der Botanik zum Problem einer eventuellen Sprache der Pygmäen.
1976, Paris, SELAF (Bibliothèque 57-58).

Die Pygmäen bibaya im Südosten Kameruns gebrauchen eine Sprache, die offensichtlich der Sprache ngbaka der Mittelafrikanischen Republik ähnelt, manche Kennzeichnen aber lassen vermuten, daß diese Pygmäen damals eine eigene Sprache hatten : die Forschung der Bezeichnungen von Baümen und Strauchen bestätigt diese Hypothese. Die Vergleiche, die mit verschiedenen Namansaufstellungen von Pflanzen in Kamerun, Gabon, Kongo, in der Mittelafrikanischen Republik, in Zaïr gemacht wurden, umfassen sprachwissenschaftlische und botanische Probleme ; sie heben "Verbindungen" von Bezeichnungen, manchmal von einem Ende Mittelafrikas zum anderen hervor. Einige Ausdrücke wurden von den Pygmäen bei anderen Volkstämmen entlehnt und das Gegenteil scheint auch wahr zu sein, obwohl schwerer hervorzuheben. Eine vergleichende Forschung, die sich auf 360 Arte und 366 Bezeichnungen bezogt, zeigt, daß 104 dieser Bezeichnungen den Pygmäen bibaya charakteristisch sein können, daß 239 Sprachen Ubangas oder Bantus gehören und daß eine ungewisse Quelle haben.

René LETOUZEY - Contribution de la botanique au problème d'une éventuelle langue pygmée.
Contribución de la botánica al problema de una eventual lengua pigmea.
1976, Paris, SELAF (Bibliothèque 57-58).

Los Pigmeos bibaya del sureste del Camerún hablan un idioma que es evidentemente muy cercano al ngbaka de la República centroafricana, pero diversos indicios permiten suponer que dichos Pigmeos empleaban antiguamente una lengua propia. El estudio de los nombres de arbóles y arbustos confirma esta hipótesis. Las comparaciones efectuadas mediante diversas listas de nombres de plantas del Camerún, del Gabón, del Congo, de la República centroafricana y de Zaire plantean problemas de orden lingüístico y de orden botánico. Ponen de manifiesto unas "filiaciones" de nomenclatura, a veces de una punta del Africa central a la otra. Determinados términos son préstamos hechos por los Pigmeos a otras populaciones, y parecen existir también unos casos en el sentido inverso, que son, sin embargo, más difíciles de poner de manifiesto. No obstante, un estudio comparativo realizado con 360 especies y 366 nombres muestra que 104 de éstos podrían ser originariamente pigmeos, 239 provienen de lenguas ubanguianas o bantúes y 23 son de origen dudoso.

Рэнэ ЛЕТУЗЭ - Contribution de la botanique au problème d'une éventuelle langue pygmée.
Вклад ботаники в проблему возможного пигмейского языка
1976, Paris, SELAF (Bibliothèque 57-58).

Пигмеи бибая (bibaya) юго восточной части Камеруна употребляют язык являющийся очень близким к языку нгбака центрально-африканской Республики. Но разные показатели дают предполагать что эти Пигмеи имели свой собственный язык. Исследование наименований деревьев и кустов потверждает эту гипотезу. Сравнения с разными выписками имен растений Камеруна, Габона, Конго, центрально-африканской Республики, Зайра задают лингвистические и ботанические проблемы, они обнаруживают "филиации" наименований иногда от одного конца до другого центральной Африки. Некоторые термины были заимствованы Пигмеьями другим населениям и обратное кажется также вероятным, хотя труднее доказуемым. Однако-же сравнительное исследование 360 сортов и 366 наименований показывает что 104 из последних могут быть собственными Пигмеям бибаья, что 239 связаны с убангиескими или бантуйскими языками и 23 являются неопределенными.

Collaboration technique : Daniel BARRETEAU
Jean-Michel GELLY

Cartes : Madeleine BENOÎT-GUYOT

AVANT-PROPOS

Les habituels lecteurs de la SELAF pourraient s'étonner de voir publier un ouvrage presque exclusivement consacré à la botanique, matière en apparence austère, qui rebute bien des linguistes et des ethnologues. Même pour des langues africaines bien décrites, les lexiques ou les dictionnaires qui donnent les identifications latines des noms de plantes se comptent sur les doigts de la main : on se contente de mentionner "plante *sp.*" à côté de certains items et tout est dit. Il faut souligner que si l'on n'a pas acquis de bonnes notions de botanique, la flore est un domaine où l'enquête est difficile : il est nécessaire de collecter soi-même et correctement les plantes, qui plus est, sous forme d'échantillons permettant sans trop de difficultés une identification, et chacun sait qu'à moins de passer une année complète sur le terrain, recueillir un rameau fleuri d'une plante donnée et, si possible, le même avec ses fruits est une entreprise difficile. Quant aux botanistes qui ont travaillé en Afrique, peu d'entre eux se sont intéressés aux noms vernaculaires, et, quand ils l'ont fait, leurs notations sont peu satisfaisantes. Un très petit nombre parmi eux ont pris conscience du fait que la linguistique s'est développée comme science autonome, qu'elle atteint aujourd'hui dans ses descriptions une précision et une rigueur remarquables.

Si on ne tient pas compte des tons et des articulations complexes, on dira, par exemple, que les Ngbaka-ma'bo "confondent" sous un même vocable **bamba** *Albizia glaberrima*, *Vossia cuspidata* et *Parkia filicoidea*, alors qu'il s'agit respectivement de **bàmbá**, **bāmbà** et **'bàmbá**. Mais de même qu'on ne peut exiger du linguiste et de l'ethnologue une parfaite connaissance de la nomenclature botanique, de même serait-il mal venu de demander au botaniste d'être initié à toutes les subtilités du métier de linguiste ou d'ethnologue. On attend seulement des uns et des autres qu'ils soient sensibilisés à leurs techniques respectives et soucieux de prendre les avis du collègue. L'ethnobotanique est un domaine où la collaboration entre naturalistes, linguistes et ethnologues s'impose d'emblée. Pour René Letouzey, l'interdisciplinarité que nous prônons n'est pas un vain mot. Beaucoup de linguistes l'ont connu d'abord parce qu'ils ont été trop heureux de pouvoir soumettre à sa compétence, à des fins d'identification ou de renseignement, les échantillons – rarement parfaits – qu'ils ramenaient de mission. Ils ont toujours trouvé auprès de lui un accueil dévoué.

Nous avons accueilli favorablement le manuscrit qu'il est venu nous soumettre à propos d'un problème qui a suscité déjà pas mal de controverses. Plusieurs spécialistes avaient déjà souligné, au cours de réunions aux U.S.A. notamment, l'intérêt qu'il y aurait à étudier les noms de plantes à la périphérie du domaine bantu. Il y a là une série d'éléments susceptibles de jeter des lumières non négligeables sur des problèmes de migrations, d'appartenance linguistique, et propres à éclairer tout un pan obscur de la préhistoire africaine. Travaillant en République centrafricaine, en collaboration avec Jacqueline THOMAS, sur diverses langues oubanguiennes et bantoues (ngbaka, gbanzili, monzombo, isongo, ngando et langue des Pygmées Aka), nous avions été frappés par les ressemblances existant entre un certain fond de vocabulaire botanique (et zoologique) qui se manifestent au-delà des différences linguistiques, comme s'il y avait eu un noyau original commun auquel les différentes langues auraient fait des emprunts. On peut penser en effet qu'au cours de leurs migrations, des populations de langues oubanguiennes et bantoues, entrant en contact avec les Pygmées, habitants de la grande forêt, ont emprunté à ceux-ci les noms de plantes qu'ils n'avaient jamais vues auparavant. C'est ce qui paraît ressortir d'ailleurs de nos enquêtes à propos de certains noms de plantes où nos informateurs nous ont dit : "Ce sont les Pygmées qui nous l'ont appris". Il est probable que les noms de plantes en question soient bien plus nombreux que ceux pour lesquels nous avons eu cette réponse explicite. Et il est naturel que la question qui se pose ensuite soit : "Quelle langue pouvaient bien parler les Pygmées qui ont donné ces appellations ?" A cette question, l'étude de René Letouzey ne fournit pas de réponse, mais elle apporte peut-être des éléments de solution. Les Pygmées Bibaya dont il a étudié le vocabulaire botanique, alors qu'ils sont environnés de populations parlant des langues bantoues et oubanguiennes, s'expriment, à n'en pas douter, dans une variété de ngbaka, ce qui implique, à un moment donné de leur histoire, une longue cohabitation avec les Ngbaka dont ils sont éloignés aujourd'hui d'un millier de km. Cependant, leur vocabulaire botanique, présenté ici, semble au linguiste de caractère assez composite : certains termes sont manifestement identifiables comme se rattachant à une langue de type oubanguien, d'autres évoquent un caractère de langue bantoue, plusieurs sont des termes composés dont l'étymologie est décelable dans les deux groupes linguistiques. Ceci peut avoir différentes causes : ou bien les informateurs sont d'origines différentes, ou bien le parler envisagé comporte des éléments hétérogènes, empruntés à des populations et oubanguiennes et bantoues avec lesquelles les Pygmées ont été successivement en contact ; mais il reste des termes peut-être propres aux Pygmées et c'est à leur sujet que des études comme celles de René Letouzey doivent être poursuivies. J'ai d'ailleurs le plaisir de voir que les travaux que j'ai de mon côté entrepris, en collaboration avec Jacqueline Thomas, en République centrafricaine, sont venus étayer les documents de l'auteur, prouvant l'intérêt de cette interdisciplinarité évoquée ci-dessus.

Nous avons pensé aussi que le lecteur aimerait pouvoir se repérer parmi les langues citées, aussi un index des noms de langues et une classification génétique de celles-ci, rédigés par Raymond Boyd, ont-ils été ajoutés en annexe.

Luc BOUQUIAUX

CONTRIBUTION DE LA BOTANIQUE AU PROBLÈME D'UNE ÉVENTUELLE LANGUE PYGMÉE

SOMMAIRE

Le Pygmée est ici chez lui. Cliché R. LETOUZEY

EXPOSÉ ET DISCUSSION DU PROBLÈME

Introduction

1.1. A l'occasion de prospections floristiques et phytogéographiques poursuivies depuis une quinzaine d'années dans le Cameroun méridional et qui à présent sont en principe pour nous achevées, nous avons été amené à relever des noms de plantes "en langue pygmée", aussi bien dans le domaine des Pygmées bibaya (ou baka, ou babinga) du Sud-Est, que dans celui des Pygmées bagielli (ou bako, ou béyélé) du Sud-Ouest ; nos investigations se sont même étendues au petit groupe des Pygmées du Mbam qui ne présente au premier abord qu'un intérêt extrêmement restreint pour les sujets botaniques et linguistiques qui nous préoccupent.

De même que ces Pygmées du Mbam paraissent presque totalement assimilés par certains aspects - en particulier au point de vue linguistique - à leurs voisins Tikars (LETOUZEY, 1967), de même les Pygmées bagielli du Sud-Ouest ont la réputation d'être extrêmement influencés - à nouveau surtout au point de vue langage - par leurs voisins Ngumbas, éventuellement Mabéas. Nous réserverons pour une prochaine publication notre appréciation sur ce jugement, envisagée sous l'angle de la botanique, en ce qui concerne les Pygmées bagielli.

1.2. Notre présente étude se limite donc aux Pygmées bibaya et, arrêtant dorénavant notre travail en ces régions, nous publions ci-après nos conclusions. Celles-ci sont suivies d'un Appendice composé d'une liste des dénominations relevées avec leur correspondance scientifique, reprise ensuite sous forme d'une liste établie d'après les noms scientifiques.

La présentation de cet Appendice répond à un double objectif :
- d'une part, mettre à la portée des utilisateurs éventuels (botanistes, ethnobotanistes, ethnographes, linguistes, médecins,...) un outil adapté à leurs travaux sur le terrain,

- d'autre part, détailler les arguments qui ont permis d'asseoir nos conclusions.

En fait nous avons déjà publié (LETOUZEY, 1964 et 1966) une partie de ce travail mais d'une manière fragmentaire et incomplète, sans avancer alors avec certitude des idées qui nous paraissent à présent beaucoup mieux fondées, quoique ne différant guère en définitive de nos premières hypothèses.

Le problème d'une éventuelle langue pygmée

1.3. Au Cameroun les Pygmées bibaya occupent un vaste territoire limité par les frontières du Sud-Est et, vers le Nord et l'Ouest, par une ligne joignant Ndélélé, Batouri, Bertoua, Mésaména, Bengbis et Sangmélima (*cf.* Carte 1). C'est là le domaine de la grande forêt , habité au long de quelques voies linéaires par plusieurs ethnies de "grands" Noirs et encore peu touché par les cultures vivrières ou industrielles et par l'exploitation forestière, sinon au long de ces voies et vers la périphérie septentrionale et occidentale. Cependant les Pygmées vivent de moins en moins isolés en ces régions, un effort manifeste ayant été fait par les autorités administratives pour se préoccuper de cette population qui, tout en devant conserver une partie de ses caractères originaux - ce que nous souhaitons vivement - est encouragée à évoluer dans le sens général des autres populations du pays.

1.4. De très nombreux auteurs se sont penchés sur les Pygmées en général et la littérature les concernant offre déjà plus de deux mille titres, heureusement rassemblés dans les bibliographies récentes de M. LINIGER-GOUMAZ (1968) et de F. PLISNIER-LADAME (1970). Nous-même avons abordé antérieurement quelques aspects des Pygmées bibaya dans leurs relations avec le monde des plantes, avons insisté sur leur valeur comme prospecteurs, indicateurs, récolteurs, tout en mettant aussi l'accent sur les difficultés pouvant se présenter quant à la reconnaissance de certaines espèces, à l'interprétation des mots recueillis, à l'influence du parler de "grands" Noirs voisins , ... (LETOUZEY, 1964, 1966 et 1970) ; nous ne reviendrons guère sur ces généralités.

Nous avons aussi attiré l'attention du lecteur sur le fait que nos études, de très bonne heure, se sont trouvées liées au problème de l'existence d'une éventuelle langue pygmée. Notre but a donc été de rechercher dans quelle mesure la botanique pouvait apporter une contribution à la solution de ce problème tout comme pourraient le faire, d'après certains, les chants sacrés, les proverbes, les légendes, les exorcismes, les incantations, les noms d'individus, les noms d'animaux, les termes cynégétiques...qui peuvent se maintenir inchangés depuis de lointaines origines, au cours de l'évolution d'une langue.

La contribution apportée par les noms de plantes fournit seulement des éléments concernant le vocabulaire et celui-ci ne constitue nullement l'essentiel d'une langue, le fonctionnement syntaxique intervenant tout autant. Croire également que les noms de plantes dans une langue vernaculaire sont immuables est une bien trop optimiste vue de l'esprit car on s'aperçoit rapidement — et les multiples exemples ci-après en fourniront la preuve — que ces noms s'acquièrent, s'empruntent momentanément, s'assimilent phonétiquement, s'oublient ..., même pour des plantes dont la fréquence, la renommée ou l'utilisation ne sont pas nécessairement répandues largement sur un vaste secteur géographique.

Nos prospections au Cameroun

1.5. Nous avons écrit (LETOUZEY, 1964, p.358) que notre première surprise avait été de constater que les Pygmées bibaya camerounais utilisaient des dénominations, presque sans exception, différentes de celles employées par les ethnies, une quinzaine au total, à l'intérieur desquelles vivent ces Pygmées, si l'on prend soin d'insister pour avoir la dénomination "en langue pygmée" et non en langue du voisinage.

D'autre part, d'un point à l'autre de l'aire, au Cameroun, nous avons souligné que ces dénominations pygmées restaient presque toujours les mêmes, sous réserve parfois de variantes phonétiques d'un informateur à l'autre.

Ces assertions restent aujourd'hui valables et sont confirmées par nos recherches concernant à présent le voisinage de quelque trente-trois localités [1] ; à partir de ces localités nous avons travaillé, souvent pendant plusieurs jours, avec au total plusieurs dizaines de collaborateurs pygmées ; étendue de la zone recensée couvrant toute l'aire intéressée et multiples recoupements [2] nous fournissent, pensons-nous, une base sérieuse d'appréciation.

---

[1] et [2] : voir page suivante

Le parler des Pygmées bibaya camerounais

1.6. Nous aurions pu rapidement imaginer que les Pygmées bibaya camerounais avaient une langue propre mais la consonance de certains noms de plantes, proche de celle des noms utilisés par diverses ethnies bantoues camerounaises, pouvait nous faire douter de cette hypothèse.

Antérieurement, divers auteurs (OUZILLEAU, L. POUTRIN et A. JACQUOT ; *cf.* LETOUZEY, 1966, p. 534 et JACQUOT, 1959) avaient déjà établi les importantes relations linguistiques des Pygmées vivant sur la rive droite de la Sangha, entre autre au Cameroun, avec des populations considérées par eux comme "soudanaises" (Ngbakas, Banziris ou Gbanzilis, Monjombos ou Monzombos) en République centrafricaine, quelques éléments bantous - manifestement empruntés - apparaissant aussi dans le langage pygmée.

Un agent forestier camerounais, ayant longtemps vécu à Bangui et retourné ensuite en son pays d'origine près de Yokadouma, nous assurait en 1963 que les Pygmées de cette région parlaient la langue d'autochtones actuels de la région de Bangui. P. RENAUD, linguiste de l'Université de Yaoundé, entreprenant récemment une première approche de la langue pygmée bibaya nous signalait aussi (comm. verb.) que, pour majeure partie, cette "langue pygmée" était apparentée de très près au ngbaka de Bangui et J. THOMAS, spécialiste de cette dernière langue, confirmait cette appréciation (comm. verb.), tout en soulignant que d'autres Pygmées, vivant actuellement au contact des Ngbakas près de

---

[1] Voir Carte n° 1 :

1 Kapan-Molobo
2 Kagnol
3 Mayos
4 Dimako
5 Matchéboum
6 Dimpam
7 Ndinge
8 Djaposten
9 Eschienbot
10 Ngola (Lomié)
11 Mésok
12 Mwapak
13 Gribi
14 Ngola (Yokadouma)
15 Maséa
16 Gribe-Bintoum
17 Bangé
18 Mimbomimbo Souap
19 Mikel
20 Kinsassa
21 Bololo (Pandama)
22 Batéka Malen
23 Banana
24 Mindourou-Ndongo
25 Ngoila-Lamsom
26 Nteigné-Ntam
27 Zoébéfam
28 Mintom I
29 Nyabibété
30 Mfem
31 Yen
32 Nkono
33 Mébémonko

soit dans les arrondissements administratifs de Ndélélé, Batouri, Doumé, Abong Mbang, Mésaména, Bengbis, Lomié, Yokadouma, Moloundou, Djoum, Oveng.

[2] Lorsqu'une dénomination n'a pu être recoupée au moins une seconde fois, cette dénomination est suivie de l'indicatif "1". Une telle précaution nous semble particulièrement utile pour des travaux tels que le nôtre, son emploi scrupuleux devant éviter semble-t-il le gonflement anormal des vocabulaires ethnobotaniques ou ethnozoologiques à partir de termes douteux.

Bangui, parlaient eux-mêmes une langue différente du ngbaka et apparentée à celle de populations bantoues.

1.7. Pour les Pygmées bibaya, et vraisemblablement pour tous les Pygmées d'Afrique centrale d'après les échos que l'on peut recueillir, la question n'est donc plus tellement de savoir si ces Pygmées ont une langue propre, mais si ils ont eu une langue propre.

Si la réponse doit être négative, il devrait être possible de démontrer que tout le vocabulaire botanique des Pygmées bibaya camerounais peut se rattacher à celui correspondant de langues bantoues ou oubanguiennes.

Si la réponse doit être positive, il devrait être possible de mettre en évidence l'existence de termes propres aux Pygmées (éventuellement donc, si l'on adopte les yeux fermés les théories de P. SCHEBESTA [3], de les retrouver chez les Pygmées de l'Ituri).

La conclusion de nos travaux est que cette dernière théorie nous paraît être la plus véridique et nous allons essayer de le démontrer ci-après, prévenant immédiatement le lecteur que les voies pour y parvenir présentent de multiples obstacles que nous nous efforcerons de franchir progressivement.

1.8. Nous avons donc été amené à étendre nos recherches par des comparaisons avec le ngbaka et au-delà avec des langues bantoues et oubanguiennes utilisées en République centrafricaine, au Zaïre [4], au Congo [4] et au Gabon, lorsque le nom de la plante en cause apparaissait dans la littérature ethnobotanique, nous permettant ainsi de parcourir

---

[3] Pour P. Schebesta (cité par A. Jacquot, 1959, p.41) : "les langues de l'Ituri, notamment celles des Bambutis (= Pygmées) et des Bambutides, constituent la couche fondamentale dont sont issues, d'un côté, les langues bantoues, et de l'autre, les langues soudanaises" (entre autres du groupe sere-mundu auquel se relie le ngbaka, peut supposer A. Jacquot). Cette théorie de P. Schebesta est vivement combattue par beaucoup de spécialistes, et d'autres n'y voient tout au plus qu'une hypothèse de travail. Il nous est difficile de prendre position en l'absence de relevés de noms de plantes en bambuti et ce que nous savons des Pygmées de l'Ituri ne nous encourage guère à apporter notre participation inconditionnelle à la théorie de P. Schebesta.

[4] Par rapport à nos écrits antérieurs, signalons les modifications géographiques suivantes :

Congo ex-français ou Congo-Brazzaville	devenu	Congo
Congo ex-belge ou Congo-Léopoldville	"	Zaïre
Léopoldville	"	Kinshasa
Stanleyville	"	Kisangani
Elisabethville	"	Lubumbashi
Coquilhatville	"	Mbandaka
Nouvelle-Anvers	"	Bangala
Lac Léopold II	"	Lac Mayi Ndombe
Katanga	"	Shaba
Rhodésie du Nord	"	Zambie

toute l'aire occupée par les Pygmées en Afrique centrale. Il faut noter au préalable que les relevés de vocabulaire pygmée concernant les les plantes sont, en dehors du Cameroun, jusqu'à ce jour inexistants, l'ouvrage de A. BOUQUET (1969) ci-après faisant seul exception.

Les documents de comparaison disponibles

1.9. Nos sources de comparaisons sont restées les mêmes qu'en 1964 et 1966, enrichies cependant par quelques publications plus récentes, entre autres d'A. BOUQUET pour le Congo, ce qui permet d'établir la liste récapitulative ci-après, les caractéristiques de ces divers ouvrages ayant en général été mentionnées antérieurement (LETOUZEY, 1966, pp. 483-484).

A) Pour la République centrafricaine :

1) un lexique baka-bocanga [5] de 100 termes dactylographié,
2) un lexique lissongo [6] de 380 termes dactylographié, tous deux établis par G. GUIGONIS (GUIG.).
3) un lexique baya [7] de 250 termes dactylographié, établi par le Centre Technique Forestier Tropical (CTFT).
4) un lexique mbwaka [8] de 70 termes,
5) un lexique lissongo [6] de 100 termes, tous deux établis par C. TISSERANT (TISS., 1950).
6) accessoirement :
   a) les noms gbaya relevés par R. SILLANS (SILL.,1958).
   b) les noms baya [7] relevés par A. CHEVALIER (CHEV., 1951).
   c) les noms ngbaka [5] relevés par J. THOMAS (1959).
   d) les noms divers relevés par A.M. VERGIAT (1969-70).

B) Pour le Zaïre :

1) les noms divers relevés par F. DUCHESNE (DUCH., 1938).
2) les noms divers relevés par la "Flore du Congo, du Rwanda et du Burundi" devenue "Flore d'Afrique centrale (Zaïre, Rwanda, Burundi)" (F.C.B.).

C) Pour le Congo :

- les noms divers relevés par A. BOUQUET (BOUQ. ou B., 1969) [9].

---

[5] = dialecte ngbaka-ma'bo de Bokanga.

[6] = isongo. A ne pas confondre avec la langue véhiculaire sango de République centrafricaine, celle-ci d'ailleurs identique au songo (véhiculaire) du Congo (*cf.* A. BOUQUET, 1969).

[7] = gbaya.

[8] = dialecte(s) ngbaka-ma'bo (bàlè ?).

D) Pour le Gabon :

- les noms divers relevés par A. WALKER et R. SILLANS (W. et S., 1961).

Après avoir noté que nous respecterons ci-après la graphie de ces divers auteurs, il paraît utile de rappeler ici que les problèmes, tant sur le terrain qu'en bureau, sont pour nous à la fois linguistiques et botaniques.

Les problèmes linguistiques

1.10. Dans le domaine linguistique il s'agit essentiellement de phonétique et nous avons exposé (LETOUZEY, 1964, pp. 360-361) les raisons qui nous ont obligé à n'utiliser qu'une représentation en grande partie francisée, sans faire appel aux conventions internationales en la matière [10]. L'expérience nous montre en fait que ce système est très acceptable, au moins au point de vue pratique en milieu francophone - ce qui est le cas de l'Afrique centrale, surtout si l'on tient compte des variations d'émission par des informateurs pygmées différents et des variations de réception par des personnes, linguistes ou non, différentes.

La notation francisée des termes pygmées paraît toujours facile et rares sont les cas où des "difficultés" ont été rencontrées (*cf.* : **nbi**, **nbüi**, **nbwi**, **ngbi** pour *Dicranolepis spp*.n°101 [11] ; **mbé**, **nbwé**, **ngwé**,

---

[9] Dont environ 90 noms de "Babingas" (de Pygmées bibaya, au moins pour majeure partie) provenant soit de noms que nous avions fournis à l'auteur et qu'il a pu contrô- sur le terrain, soit de noms recueillis par lui (malheureusement sans indication de recoupements éventuels et sans indication de l'origine, septentrionale ou méridionale, suivant qu'il s'agisse des Pygmées du Nord ou du Sud du Congo).

[10] Rappelons ici les conventions adoptées par nous :
"ch" = tch de tchèque,
"é, e, è" : valeur habituelle française,
"g" = g de gare, mais reste dur devant e et i,
"h" non utilisé,
"j" = dj de l'anglais John,
"k" = c dur de cou,
"o" : éventuellement au,
"s" : valeur habituelle française (sou),
"sh" = ch de cheval,
"u" = ou de tout,
"ü" = u de mur,
"v" : valeur habituelle française (vrille),
"w" : comme dans ouate, jamais le son v français,
"y" = ll mouillé,
"z" : valeur habituelle française (zèbre),
- lettres non doublées.

[11] De tels numéros se retrouvent dans la seconde partie de l'Appendice.

ombé pour *Anonidium mannii* n°17), mais les **m** et **n** en tête de mot, les **f** et **v**, **f** et **p**, **l** et **r** parfois peu discernables, ne laissent pas nos relevés à l'abri de toute critique ; de même la notation correcte des tons nous a parfois échappé vraisemblablement. Nous avons pris soin de présenter les variations phonétiques possibles d'un même terme et ainsi se trouvera réduite, pour nos index, une grave difficulté que nous connaissons bien - par expérience personnelle - lorsqu'il s'agit de comparer des dénominations vernaculaires à partir d'index.

1.11. Au cours de nos études, nous avons relevé parfois quelques inversions de syllabes ou de consonnes en passant d'une langue à une autre : **saka** et *kassakassa* pour *Albizia adianthifolia* n°3, **toko** et *mokoto* pour *Blighia welwitschii* n°39, **tako** et *koto* (ou termes voisins) pour *Bridelia grandis* n°45, **mufafélé** et *mafulafula* pour *Maprounea membranacea* n°215 et *M. africana*, **tuba** et *lukambuta* pour *Tridesmostemon omphalocarpoides* n°349.

Ceci n'est peut-être qu'un cas particulier d'un phénomène plus général concernant les variations "de proche en proche", par changement dans une syllabe au minimum de la dénomination d'une même espèce, lorsque l'on passe d'une langue à une autre en Afrique centrale ; ces problèmes phonétiques complexes n'ont pas encore retenu semble-t-il l'attention des linguistes et les règles de transformation phonétique paraissent fort peu connues. Il est certainement trop souvent admis que, d'une langue à l'autre ou d'un dialecte à l'autre, le nom d'une même plante change nettement ; ceci peut être exact, mais une étude aussi étendue que celle entreprise par nous révèle parfaitement la fréquence et l'importance de ces "variations progressives" ; elle permet de présenter ces successions dans l'espace et souvent d'affirmer certains rapprochements possibles entre des termes, en apparence assez dissemblables, utilisés en deux régions fort éloignées lorsqu'on ignore les termes intermédiaires.

1.12. On trouvera dans l'Appendice de notre travail des exemples précis de telles "filiations" et parmi les plus importantes : n° 5, 8, 17, 28, 34, 39, 45, 49, 54, 68, 71, 76, 79, 93, 129, 133, 142, 151, 156, 159, 160, 168, 172, 190, 207, 244, 254, 264, 312, 331, 339, 341, 356, 359 ; nous ne donnerons ici que les six exemples suivants pour illustrer ce phénomène :

1) *Combretodendron macrocarpum* n° 79 : *boso, mossoba, bossé, mbossé, bomposo, momposo, monposo, bosho, mosho, musow, mbiso,* du Cameroun et du Gabon au Kivu.

2) *Gambeya lacourtiana* n° 159 : *bambu, mubambu, mobambou, bofambu, bufambu, ebabambu, lipambu, bafambu, difambu, mofambu, luhambu, buhambu, nuambu, abam, mbẽbam, obambõ, mubamba, mumbampfu, mubalabampfu, bẽbambẽ* (avec comparaison de diverses espèces de *Gambeya*), du Cameroun et du Gabon au Kivu, au Maniema et au Kwilu.

3) *Grewia coriacea* n° 168 : *ẽbuku, bukulu, bukukutila, mukulukunki*, avec comparaison de diverses espèces de *Grewia*, du Cameroun à l'Uele, au Tanganyika-Moero et au Shaba.

4) *Parinari chrysophylla* n° 254 : *mombokola, pompo, mampombo, gongo, bongongo, boongongo, bogongo, congongo, imbonbo* (avec comparaison de diverses espèces de *Parinari*), du Cameroun au Sankuru et au Kasai.

5) *Thomandersia laurifolia* n° 339 : *ngoka, okuka, lokua, okoka, monkuka, ikoka, mokuka, dikoka, mokoka* (avec comparaison de diverses espèces de *Thomandersia*), du Cameroun au Congo.

6) *Vitex spp.* n° 356 : *fulu, furu, filu, mufutu, filongo, filungu, dufulu, furongo, mafuti, mofutu, kafudufudu, kafidufutu, kafutufutu, filia, mfilu, nfilu, mafatukinka, monfitu, mufilõ, mumfilu, munfila, mufilu, nfilu wa makanga, mufilu nsẽke, tchifulu, ẽvul, ẽvus, ẽvula, ẽvino, gẽvino, givinu, bopino, mvulẽ*, du Cameroun par le Gabon au Mayumbe, au Kwilu, au Kwango, au Kasai et au Shaba.

Quelques curieux cas

1.13. Ce dernier exemple est particulièrement intéressant car il faut souligner qu'aucun terme voisin de **fulu**, **furu** ne se rencontre dans la cuvette centrale congolaise proprement dite et les liaisons s'établissent entre le Sud-Est camerounais par le Gabon, le Mayombe et le Sud du Congo avec les régions méridionales du Zaïre. Y a-t-il là une voie de "migration" privilégiée ? D'autres indices nous permettent de le supposer mais nos bases de raisonnement sont bien ténues.

Dans le même ordre de faits, non moins étonnant est l'exemple que nous donnons pour *Pericopsis elata* n°266 : **mobay** en pygmée bibaya du Sud-Est camerounais pour un arbre de forêt très caractéristique par son écorce tachée de rouge, connu au Cameroun, au Congo septentrional et au Zaïre (région de Kisangani) et *mubaya* en dialecte bena-koshi au Kasai et au Shaba pour un arbuste de savane extrêmement proche de la précédente espèce, aussi caractéristique par son écorce, connu seulement dans le Sud du Zaïre et dans des territoires plus méridionaux ou orientaux, sans aucun terme similaire intermédiaire entre les deux régions, les termes signalés pour la zone de Kisangani, à l'Herbier de Bruxelles, étant voisins de *boala*, *walala*. Pour nous, l'analogie des noms vernaculaires ne résulte certainement pas du simple hasard.

De même pour *Maprounea membranacea* n°215, arbre de forêt connu au Cameroun, au Gabon, au Zaïre, en République centrafricaine : **mufa-félé** (1) en pygmée bibaya, terme dont on ne retrouve des homologues que pour l'arbuste de savane *Maprounea africana*, largement répandu en Afri-centrale, orientale et méridionale : *kafulamma* ou voisins et surtout *mafulafula*, au Kasai et au Sankuru ; ici encore le hasard ne paraît pas suffisant pour expliquer ce rapprochement ; non moins curieux est le fait que pour les trois cas ci-dessus, les comparaisons effectuées permettent de rapprocher des espèces arbustives des régions méridionales de notre dition à des espèces arborescentes de grande forêt septentrionale ; nous ne pouvons cependant en tirer de conclusion.

1.14. A l'opposé des "chaînes de noms vernaculaires" qui s'entrecroisent et forment un réseau difficile à débrouiller, se trouvent aussi, fort nombreuses, des différences totales entre noms vernaculaires ou groupes de noms vernaculaires ; elles sont extrêmement fréquentes et notre travail ne consistait évidemment pas à les rechercher, seules les affinités ayant un certain intérêt pour nous.

Nous mentionnerons cependant l'excellent exemple fourni par le vulgaire parasolier (*Musanga cecropioides* n°230) dont les noms vernaculaires peuvent, aussi bien au Cameroun qu'au Gabon, au Congo qu'au Zaïre, se grouper autour, soit de **kombo** (terme utilisé par les Pygmées bibaya), soit de *lésain*. Ce dernier terme est d'ailleurs celui employé par les Pygmées bagielli du Sud-Ouest camerounais et nous donnons trois autres exemples (*Alchornea cordifolia* n°7, *Harungana madagascariensis* n°175, *Microdesmis puberula* n°220) où le terme pygmée bibaya n'a pas de correspondance en d'autres régions, alors que le terme pygmée bagielli se retrouve au moins au Zaïre ; mais ceci nous entraîne en dehors de notre présent travail et sera repris ultérieurement par nous à l'occasion de l'étude des dénominations en pygmée bagielli.

Les problèmes botaniques

1.15. Dans le domaine botanique les difficultés, même pour un spécialiste, sont parfois aussi déroutantes que dans le domaine linguistique.

Bien que les Pygmées bibaya soient d'excellents connaisseurs de plantes, leur intérêt se limite aux plantes ayant un usage donné, ayant des particularités ou des propriétés réputées, ayant un rôle spécial au point de vue ethnobotanique,... Il nous est difficile de fixer le pourcentage de cette connaissance mais à première vue il n'atteint pas une plante sur deux ou trois et est sans doute moindre, si l'on se réfère à nos critères de différenciation spécifique. Grande est d'ailleurs la surprise des Pygmées bibaya, tout comme celle des autres Noirs, en apprenant que toutes les plantes ont un nom (scientifique). Pour ne pas être en reste, la tendance pour eux est parfois de fournir un nom quel qu'il soit, et c'est ici que la nécessité absolue des recoupements intervient. L'expérience nous a montré cependant que les Pygmées bibaya sont de fort bons informateurs et que si un nom est fourni, en apparence avec quelque certitude, il se révèlera par la suite exact dans près de 80% des cas.

Nous n'avons donc pas renoncé à utiliser, pour étayer nos conclusions, certaines dénominations non encore recoupées par nous ou recoupées avec doute. Dans certains cas d'ailleurs, l'apparition brusque d'une dénomination, à côté d'un terme valable vérifié à plusieurs reprises, n'est pas sans intérêt et l'on trouvera dans l'Appendice ci-après de semblables cas, par exemple : *Beilschmiedia obscura* n°36 (**mébakoso, mobakoso** et isolément : **yombo**), *Funtumia elastica* n°156 (**damba, ndama, ndanba** et presque isolément : **ndo**), *Nauclea diderrichii* n°232 (**monsé, mosé** ou **mosayuri, moséayuli** et isolément : **lingi**), *Vepris louisii* n°353 (**liwoso** et **tanda**),...

1.16. Si certaines espèces ne sont pas connues par les Pygmées bibaya, d'autres sont confondues entre elles, à l'intérieur d'un même genre (*cf. Celtis, Fagara, Xylopia,...*) ou d'une même famille (*cf.* Césalpiniacées, Clusiacées, Sapindacées, Sapotacées, Sterculiacées,...), phénomène que l'on retrouve chez tous les Noirs quels qu'ils soient.

Dans certains cas la situation présente de la systématique botanique scientifique ne simplifie pas la compréhension de l'enchevêtrement des noms vernaculaires et c'est ainsi qu'avec grandes réserves nous avons cherché à démêler les imbroglios gravitant autour du genre *Cola* et des Sterculiacées en général, autour des genres *Diospyros, Drypetes, Ficus, Rinorea, Xylopia,* ... et même à l'intérieur de familles à éléments aussi difficiles à identifier que les Sapotacées et les Sapindacées. Nous ne pouvons de plus passer sous silence les "broussailles de la synonymie botanique" dont il faut avoir bonne expérience pour résoudre certains problèmes. Tout ceci nous a conduit à modifier nos précédents écrits (LETOUZEY, 1964 et 1966), à les préciser parfois à la faveur de la meilleure connaissance, acquise par nous et par d'autres botanistes, de la flore et de la forêt camerounaises, voire africaines.

L'emprunt de dénominations par les Pygmées bibaya

1.17. Dans nos relevés sur le terrain et dans nos comparaisons de noms vernaculaires d'un territoire à l'autre, nous avons aussi à tenir compte de l'aire de répartition des espèces ou même des genres en cause.

Cette question est extrêmement importante et nous permet de saisir parfois sur le vif l'acquisition d'une dénomination par les Pygmées bibaya ; nous pouvons en donner les typiques exemples suivants :

a) *Coula edulis* n° 83 dont l'aire au Cameroun n'atteint la zone d'habitat des Pygmées bibaya que dans la région située au Nord de Souanké où le terme **mengom, menkwom** a été relevé, l'espèce étant inconnue au Congo (sauf Mayombe), au Zaïre (sauf Bas-Congo) et en République centrafricaine ; ce terme **mengom, menkwom** est manifestement voisin du terme pahouin[12] *ēwomē* et de ses variantes utilisées dans toute l'aire de cette espèce.

b) *Monopetalanthus pellegrinii* n° 225 connu seulement par les Pygmées bibaya dans l'extrême partie occidentale de leur zone d'habitat vers Djoum ; le terme adopté **andung** est le terme fang de cette région, l'espèce n'étant présente par ailleurs que dans le Sud-Ouest camerounais et au Gabon.

c) *Poga oleosa* n° 275 est un cas identique au précédent, avec la même répartition géographique, et le terme **fo** correspond encore à l'emprunt du terme fang (*aʃo*) de la région de Djoum.

1.18. d) *Dacryodes buettneri* n° 90, arbre gabonais qui attire l'attention par son feuillage roux et par l'odeur résineuse de son écorce, est abondant au Cameroun dans la région d'habitat des Pygmées bibaya, mais seulement localisé au long de la frontière gabonaise, dans une étroite frange située au Sud de Djoum (avec une pointe au Nord de cette ville) et au voisinage du carrefour des frontières du Cameroun, du Gabon et

12 Nous employons ici le terme "pahouin" ("Pangwe" de G. Tessmann) , fort critiqué savons-nous, pour désigner un ensemble de populations du Sud et du Sud-Ouest camerounais (fang, mvae, ntumu, auxquelles certains auteurs et nous-même ici joignent mvele, bulu,...et encore éventuellement beti avec ewondo, bane, eton,...) qui se retrouvent en Guinée équatoriale ainsi qu'au Nord et au Nord-Ouest du Gabon.

du Congo. Aucun des informateurs pygmées sollicités n'a pu donner un nom pour cette espèce ; peut-être peut-on en conclure que les Pygmées bibaya n'ont pas encore acquis la connaissance de cette espèce, de son "intérêt", et n'ont pas encore adopté, éventuellement, le terme *asia* qui désigne cette espèce en dialecte fang dans cette région.

Ces quatres cas, et plus particulièrement le dernier, conduisent semble-t-il à confirmer l'hypothèse d'une migration assez récente des Pygmées bibaya, depuis la région de Bangui jusque dans le Sud-Est camerounais ; cette migration vraisemblable permet aussi de justifier l'utilisation de la langue ngbaka par ces mêmes Pygmées ; elle a d'ailleurs été envisagée par divers auteurs, d'après leurs recherches en d'autres disciplines que les nôtres.

Les comparaisons possibles entre le Sud-Est camerounais et la région de Bangui

1.19. A partir des lexiques baka-bocanga (= ngbaka) du groupe des langues oubanguiennes et lissongo (ou isongo) du groupe des langues bantoues, établis par G. GUIGONIS pour la région de Bangui, il devenait intéressant de faire des comparaisons précises avec nos propres relevés en pygmée bibaya. Ces comparaisons ne portent malheureusement que sur 72 espèces communes aux trois listes et fournissent les résultats suivants, toutes précautions possibles ayant été prises en ce qui concerne les identifications botaniques et l'utilisation du seul terme vernaculaire convenable correspondant :

- 15 termes sont similaires avec le baka-bocanga
  (n° 17, 22, 34, 49, 59, 61, 63, 66, 134, 140, 160, 209, 264, 282, 350),
- 11 termes sont similaires avec le lissongo
  (n° 18, 60, 71, 79, 103, 137, 144, 171, 207, 213, 312),
- 15 termes sont similaires à la fois avec le baka-bocanga et avec le lissongo
  (n° 6, 10, 41, 45, 73, 135, 136, 156, 159, 173, 185, 211, 230, 252, 272),
- 31 termes sont différents du baka-bocanga et du lissongo
  (n° 4, 11, 15, 28, 46, 53, 58, 82, 85, 93, 94, 105, 115, 133, 151, 186, 194, 195, 198, 206, 223, 232, 245, 268, 276, 285, 295, 319, 332, 336, 344).

1.20. Ce résultat paraît en contradiction avec le fait que la langue des Pygmées bibaya serait pour majeure partie du ngbaka, et avec les données rassemblées par A. JACQUOT (1959, p. 38) montrant que les mots d'origine bantoue seraient en nettement moindre proportion que les mots d'origine oubanguienne dans le pygmée bibaya. Rappelons encore une fois que le vocabulaire n'est qu'un des éléments d'une langue, à côté de la grammaire, de la conjugaison, de la syntaxe, ... et les Pygmées bibaya peuvent fort bien parler une langue essentiellement oubanguienne tout en utilisant dans certains cas des termes bantous.

Nous en arrivons à penser d'ailleurs que les noms des végétaux, contrairement à l'opinion de certains, n'échappent guère à ce vaste brassage linguistique - au moins pour le vocable - qui se pratique depuis fort longtemps déjà en Afrique centrale ; l'existence des quinze termes ci-dessus, propres à la fois au baka-bocanga, au lissongo et au pygmée bibaya en fournirait une preuve certaine, si ce n'était un échantillon isolé et de faible dimension.

Il reste cependant 31 termes sur 72 qui diffèrent en baka-bocanga, en lissongo et en pygmée bibaya.

Au-delà de la région de Bangui vers le Gabon et le Congo

1.21. Les comparaisons que nous avons pu effectuer, grâce aux documents ci-dessus énumérés (§ 1.9.), au delà des régions occupées par le baka-bocanga et par le lissongo (*cf.* Carte 2), sont souvent difficiles en raison de l'insuffisance des relevés botaniques ou de l'absence d'une espèce dans une région considérée, et ceci en dehors de toutes autres considérations phonétiques ou systématiques.

Il est regrettable que des comparaisons très détaillées n'aient pu être faites avec toutes les langues du Sud-Est camerounais mais en général les rapports paraissent faibles et seuls peuvent être notés d'une manière certaine quelques termes communs avec les Makas (ou très voisins : Djems, Badjués, peut-être Bangangtus) et avec les Kakas, mais surtout avec les Bayas (ou Gbayas), cette dernière population se retrouvant surtout en République centrafricaine où de nombreuses comparaisons ont pu être faites comme indiqué ci-après.

Par contre, beacoup de termes utilisés par les Pygmées bibaya peuvent facilement être rattachés aux termes pahouins (voir note 12) utilisés au Cameroun et au Gabon, ou à des termes bantous utilisés en ce dernier territoire.

Par cette voie sont atteintes les régions gabonaises et congolaises du Chaillu et du Mayombe, où se retrouvent encore de nombreux termes affines de ceux utilisés par les Pygmées bibaya. Dans ces régions vivent des Pygmées et A. BOUQUET (1969) ne paraît pas avoir noté de particularités linguistiques en ce qui les concerne quant aux dénominations de plantes. Plusieurs termes atteignent au-delà le Bas-Congo.

1.22. Des rapprochements peuvent parfois être faits, directement et sans intermédiaires ou comparaisons possibles, entre pygmée bibaya et langues des régions de Mossendjo-Sibiti du Congo méridional ; il semble cependant qu'il ne s'agisse là que d'espèces peu fréquentes, mal connues ou ne figurant pas couramment dans les relevés (cf. n° 106, 268, 349).

De Brazzaville à Fort Rousset, zone de savanes essentiellement , les analogies linguistiques de caractère unique ou presque sont peu fréquentes mais existent cependant, en particulier autour de Fort Rousset (cf. n° 34, 49, 202).

Pour le Nord du Congo, qui enserre la pointe Sud-Est du Cameroun, les rapprochements offerts par les relevés de A. BOUQUET sont nombreux et l'on ne peut guère s'en étonner, compte tenu du voisinage et des contacts possibles entre Pygmées bibaya [13] et populations occupant les régions jalonnées par Souanké, Ouesso, Impfondo (et plus au Nord jusque vers Bangui).

Au-delà de la région de Bangui vers le Zaïre

1.23. Vers le Nord-Est, l'Est et le Sud-Est du Congo, c'est-à-dire essentiellement la République centrafricaine et le Zaïre, les relations linguistiques paraissent étroites avec le baka-bocanga oubanguien et le lissongo bantou mais, même pour les 31 termes pygmées bibaya sans équivalence en ces deux dialectes, il est possible d'établir de nombreuses liaisons entre les termes pygmées bibaya et les termes utili-

[13] Nos multiples rencontres avec les Pygmées bibaya camerounais nous permettent d'affirmer que les grands déplacements sont pour eux exceptionnels et qu'un Pygmée passera souvent toute sa vie dans un périmètre n'excédant pas 25 ou 50 kilomètres de rayon autour de son habitat ; mais en réalité déplacements exceptionnels individuels ou collectifs, de proche en proche ou brusquement, conduisent à des phénomènes de migration qui expliquent les échanges linguistiques, en dehors des phénomènes d'imprégnation sur place, au contact des grands Noirs immédiatement voisins.

sés en République centrafricaine et au Zaïre ; l'étude de l'Appendice ci-après justifie aisément ces considérations que l'on peut schématiser comme suit :

- Par la voie du baka-bocanga (ou ngbaka), considérée arbitrairement comme intermédiaire, se retrouvent des analogies avec d'autres langues oubanguiennes ou même nilo-sahariennes des régions de mosaïque forêts-savanes de l'Ubangui et de l'Uele, et plus généralement des rives de l'Oubangui (en amont de Bangui) et du Mbomou (zande, mayogo, mangbetu, ababua, ngbandi, banda, manjia, ...), une place à part pouvant être faite au baya (ou gbaya) de République centrafricaine (voisin du baka-bocanga ou ngbaka) qui, rappelons-le, est la langue d'une population de chasseurs encore mouvante, tant en République centrafricaine qu'au Cameroun.

1.24. - Par la voie du lissongo (parfois la même que pour le baka-bocanga d'après les constatations ci-dessus : quinze termes communs), aussi considérée arbitrairement comme intermédiaire, se retrouvent de multiples analogies avec les termes bantous employés par des tribus habitant la province de l'Equateur (et plus particulièrement les districts des Bangala, de la Lulonga et de l'Equateur, parfois aussi le district du Lac Mayi Ndombe), ainsi que les districts de l'Aruwimi et de Kisangani au Zaïre ; de là on rejoint des termes utilisés au Kivu. Vers le Sud de ces régions, plus exceptionnellement et par l'intermédiaire du lingala[14] (véhiculaire) semble-t-il, on retrouve plusieurs termes dans les districts du Kasai et du Sankuru. Les liaisons linguistiques avec les districts du Kwango, du Lomami et du Maniema sont très faibles et, sauf exceptions curieuses signalées ci-dessus (cf. n° 215, 266, 356), pratiquement inexistantes avec le Haut Shaba.

L'emprunt possible de dénominations pygmées par d'autres Noirs

1.25. On pourrait avancer - et l'hypothèse a été formulée par différents auteurs y compris par P. SCHEBESTA - que les termes pygmées bibaya sont propres à ceux-ci, leur ont toujours été propres, et que ce sont les autres populations qui ont emprunté ces termes ; on pourrait en voir un exemple dans certains termes pygmées bibaya que nous citons

[14] L'intérêt des rapprochements en lingala peut être mis en doute puisqu'il s'agit surtout d'une langue véhiculaire, de même pour le kiswahili et le songo du Congo (= sango de République centrafricaine) ; les références données en ces langues n'ont donc surtout qu'un rôle indicatif.

et pour lesquels des équivalents n'ont été trouvés par exemple :
a) qu'en baka-bocanga (= ngbaka) ou en baya (= gbaya), tels **sosa** (1) n° 22, **muyali** n° 25, **kakala** n° 59, **bègé**, **bwégé** n° 61, **gombé**, **kongombé**, **ngombé** n° 63, **sébobo** (1) n° 70, **mbiri** n° 94, **évota**, **pota** n° 177, **lingi** (1) n° 232.
b) qu'en lissongo, ou parfois en dialectes du groupe pahouin, voire en bôngili (bông.) de la région de Ouesso, tels **boma**, **éboma** n° 18, **élékwo**, **éluku** n° 56, **gombé**, **ngombé** n° 60, **kékélé** n° 62, **mbaso** n° 98, **andaka** (1) n° 166, **kwa** n° 198, **nganda**, **nganga** n° 222, **ngata** (bông.) n° 231, **mundanga** (1) (bông.) n° 271, **libaba** n° 302.

Un tel raisonnement pourrait être étendu à d'autres cas où les affinités ne sont signalées qu'avec une seule langue oubanguienne ou bantoue, mais il faut incontestablement tenir compte de l'insuffisance des documents de comparaison disponibles qui peuvent laisser planer beaucoup de suspicion sur leurs valeurs uniques.

1.26. Une contradiction sérieuse à cette hypothèse réside dans le fait qu'en baka-bocanga ou qu'en lissongo, dont nous possédons de bons relevés, il n'y a jamais - sauf cas particuliers autrement explicables - de double appellation, l'une empruntée au pygmée, l'autre authentiquement baka-bocanga ou lissongo ; ou alors faudrait-il admettre que Bakas-bocanga et Lissongos ont perdu totalement leur vocable, ou même ne possédaient aucune langue avant leur contact avec les Pygmées ? Ceci paraît absurde[15]. Nous verrons par contre dans le paragraphe suivant que la situation est totalement inverse pour les Pygmées bibaya, lesquels parfois disposent encore simultanément de termes empruntés et, semble-t-il, de termes propres.

L'hypothèse ci-dessus cadre mal aussi avec ce que nous avons pu constater sur le terrain, tout comme beaucoup d'ethnographes. Il existe en effet une incontestable vassalité des Pygmées par rapport aux grands Noirs au milieu desquels ils vivent ; cette subordination, linguistique entre autres choses, s'est bien souvent traduite pour nous par le fait que des informateurs pygmées, mal avertis de notre désir, nous donnaient en premier lieu le nom d'une plante en langue des grands Noirs autochtones voisins et ensuite seulement, sur notre demande pressante, le nom "en langue pygmée".

1.27. Cette subordination aboutit souvent à une imprégnation totale et définitive avec oubli du terme primitivement employé. Nous estimons que

---

[15] Ou bien il faudrait envisager que Bakas-bocanga - et Lissongos - venaient de zones de savane, tout en notant que, cependant, celles-ci pouvaient être autrefois couvertes de forêt.

ce phénomène conditionne l'emploi courant par les Pygmées bibaya de termes oubanguiens ou bantous tels que :
- **nokoténgé** pour *Coelocaryon preussii* n° 72,
- **damba, ndama, ndamba** pour *Funtumia elastica* n° 156,
- **movutu** pour *Trichosypha abut* et/ou *T. acuminata* n° 346,

alors qu'il est très difficile d'obtenir les termes **bambayoko, ndo** et **ngoyo**, peut-être (?) véritablement pygmées, correspondant respectivement à ces trois espèces.

Nous n'affirmerons pas cependant d'une manière absolue que les grands Noirs n'adoptent jamais quelques termes utilisés par les Pygmées bibaya et nous pensons que *Desbordesia glaucescens* n° 92 (**méléa** en pygmée bibaya, *oléa* en djem et badjué mais *lé* (*lwa*) en maka fournit peut-être (?) un exemple d'un tel emprunt, de même *Meiocarpidium lepidotum* n° 219 et *Turraeanthus africanus* n° 351 car les termes **mambéléngé** et **asama** qui les désignent sont utilisés par tous les Pygmées bibaya du Sud-Est camerounais.

Les dénominations en apparence propres aux Pygmées bibaya

1.28. En dehors des termes oubanguiens et bantous, il reste, dans le vocabulaire pygmée bibaya relatif au monde végétal, des termes qu'il nous est impossible à ce jour, et dans l'état actuel des lexiques, nous insistons, de rattacher à aucune autre langue ou dialecte, même s'agissant d'arbres ou d'arbustes connus ou fréquents au Cameroun ainsi qu'en d'autres territoires, et sous réserve de l'existence de ces mêmes plantes dans les territoires considérés.

Se rapportant à 280 espèces (ou noms scientifiques car il s'agit parfois d'espèces groupées ou de genres) en 1966, nos relevés portent à présent sur 360 espèces[16], auxquelles correspondent quelque 450 appellations en pygmées bibaya, relevées sur le terrain et représentant (après élimination des similitudes et compte tenu des appellations en apparence identiques pour plusieurs espèces) environ 366 dénominations effectives (le décompte ne pouvant être raisonnablement fait à l'unité près).

[16] Ces espèces sont uniquement des arbres ou des arbustes ; en fait on trouvera aussi dans l'Appendice de notre travail, à des fins utilitaires sans plus, une liste d'une soixantaine de noms de lianes ligneuses et subligneuses, ainsi qu'une liste de quelque 90 noms de plantes herbacées et lianes herbacées.

Il est certain que l'identification des multiples arbres de la forêt d'Afrique centrale, avec leurs feuilles parfois inaccessibles, leurs fleurs souvent éphémères, leurs fruits passagers, pose des problèmes difficiles d'identification, peut-être aux

En éliminant les espèces pour lesquelles la détermination botanique risque être douteuse chez d'autres auteurs ou prête à confusion, le recensement effectué dans la seconde partie de l'Appendice ci-après nous révèle :

A) 82 termes pygmées bibaya (correspondant approximativement au même nombre d'espèces) pour lesquels nous n'avons de correspondance en aucune langue, ces termes ayant été recoupés par nous à plusieurs reprises, et pour le moins par deux fois en des sites plus ou moins éloignés.

B) 45 autres termes similaires que nous n'avons recueillis qu'une seule fois. Cette insuffisance de nos relevés ne nous interdit pas totalement de les prendre en considération car ils peuvent avoir une signification et dans 80% des cas, comme souligné ci-dessus, risquent se révéler exacts.

1.29. Pour la première comme pour la seconde liste, nous éliminerons au préalable les espèces non citées par les auteurs auxquels nous nous référons :

a) de la première liste : n° 31, 114 (pour **konya**), 147, 161, 181, 200, 227, 249, 294, 301, 315 [17], 318, 323 [17], soit 13 termes.

b) de la seconde liste : n° 86, 89, 170, 183 [17], 212, 251, 281, 290 (pour **élolo**), 313, 327, soit 10 termes.

Cette élimination est donc peu importante (environ 15%) et concerne souvent des espèces à aire limitée au Cameroun et au Gabon (ce qui est important à souligner au passage) ou des espèces peu communes ; les termes éliminés pourront néanmoins se révéler valables pour d'ultérieures comparaisons.

En fait les comparaisons effectuées sont de valeur très inégales car les espèces en cause ne figurent pas simultanément dans tous les lexiques et relevés utilisés - et c'est évidemment là un écueil indé-

---

botanistes professionnels - encore plus aux amateurs, aux ethnobotanistes, aux ethnographes, aux linguistes éventuellement, aux médecins... - qui ne trouvent avant tout devant eux, en forêt, que bases de troncs et écorces. La publication d'un recueil de noms d'arbres et d'arbustes en "langue pygmée" correspond donc à notre désir de mettre un moyen de travail pratique, utile et sérieux à la disposition de ces personnes ; c'est aussi dans cet esprit et pour compléter un tel lexique que nous avons publié dernièrement un Manuel d'initiation à la botanique d'Afrique tropicale (Letouzey, 1969-72).

[17] Le cas de *Sterculia rhinopetala* n° 315, **bulembo**, de *Strychnos ternata* n° 323, **dimba** et d'*Hymenodictyon pachyantha* n° 183, **bélémé** (1) ou **fiambé** (1) pose un problème particulier puisqu'il concerne trois espèces dont les aires sont en principe uniquement camerounaises ; s'agit-il de noms "inventés" par les Pygmées bibaya ou s'agit-il plus vraisemblablement d'emprunts à des ethnies camerounaises voisines ? Nous n'avons pas eu l'occasion de résoudre ce problème particulier, les deux dernières espèces étant de plus assez peu fréquentes.

pendant de nous et impossible à éviter, soit que des noms vernaculaires lorsqu'ils existent n'aient pas été relevés pour l'espèce en cause, soit que l'espèce considérée ne se rencontre pas dans l'aire couverte par l'un des lexiques ou relevés utilisés ; nous avons donc mentionné ci-après les territoires [18] où existent, d'après la littérature botanique et les herbiers, les espèces citées.

1.30. C'est dire en définitive que, parmi les termes retenus, certains dans l'avenir pourront sans doute être rattachés à diverses langues oubanguiennes ou à diverses langues bantoues ; une telle probabilité paraît toutefois réduite pour plusieurs autres termes, en particulier lorsqu'il s'agit d'espèces courantes, ne prêtant guère à confusion, bien connues en général des Africains et figurant déjà dans plusieurs lexiques ou relevés ; nous hésitons cependant à faire un tri ou même à indiquer cette possibilité parmi les 104 termes ci-après (dont 69 recoupés figurant dans la liste A et 35 termes non recoupés figurant dans la liste B) :

A) avec recoupements :

bambanja	*Mansonia altissima* (Cong, RCA).	n° 214
bambayoko	*Coelocaryon preussii* (Gab, Cong, Zaî, RCA, Oug).	n° 72
bélé	*Holoptelea grandis* (Cong, Cab, Zaî, RCA, Sud).	n° 178
biwala, mbiwala	*Balanites wilsoniana* (Gab, Cab, Zaî, RCA, Afr. orientale).	n° 30
bodaba	*Grossera macrantha* (Cong, Zaî).	n° 169
bokokwanjubé	*Erismadelphus exsul* (Gab, Cong, Zaî).	n° 138
bologa	*Drypetes capillipes* (Gab, Cong, Zaî, RCA),	n° 117
	et *Drypetes gossweileri* (Gab, Cong, Cab, Zaî, RCA).	n° 118
bombongo	*Strombosia pustulata* (Gab, Cong, Zaî, RCA).	n° 320

[18] Les territoires cités, en dehors du Cameroun où les dénominations pygmées bibaya ont été relevées, ne concernent que le Sud, le Sud-Est et l'Est de ce pays, zone géographique de nos recherches où vivent les Pygmées d'Afrique centrale ; figurent donc mentionnées en abréviation :

Guinée équatoriale (GE)	Cabinda (Cab)
Gabon (Gab)	Zaïre (Zaï)
Congo (Cong)	République centrafricaine (RCA)

tout en y ajoutant quelques territoires périphériques : Sudan (Sud), Ouganda (Oug), Tanganyika (Tang), Zambie (Zamb), Angola (Ang), sans que cette liste de territoires constitue nécessairement l'aire globale, ou éventuellement orientale par rapport au Cameroun, de l'espèce considérée.

bondulu	*Klainedoxa microphylla* (Gab).	n° 196
bongo	*Fernandoa adolfi-friderici* (Zaī, RCA).	n° 146
bosomba	*Erythroxylum mannii* (Gab, Cong, Zaī, RCA).	n° 141
bwandéndu	*Odyendyea gabonensis* (Gab, Cong, RCA).	n° 241
1.31. djama	*Diospyros abyssinica* (du Cameroun atteint Ethiopie, Mozambique, Ang).	n° 102
djila, njila	*Discoglypremna caloneura* (GE, Gab, Cong, Cab, Zaī, RCA).	n° 111
dombi, ndombi	*Bombax buonopozense* (GE, Gab, Cong, Zaī, RCA, Ang).	n° 40
ékéla, kéla	*Mildbraediodendron excelsum* (Zaī, RCA, Sud),	n° 221
	et *Amphimas pterocarpoides* (Cong, Zaī, RCA, Sud).	n° 11
élékwo, éluku	*Swartzia fistuloides* (GE, Gab, Cong, Cab, Zaī).	n° 325
élonda, londa	*Albizia ferruginea* (Gab, Cong, Zaī, RCA, Oug, Ang).	n° 4
éluku voir élékwo.		
énjumbu, njombo	*Guarea thompsonii* (Gab, ? Cong, Zaī).	n° 172
ésuma	*Lasiodiscus mannii* (GE, Gab, Zaī, RCA).	n° 199
évué	*Enantia chlorantha* (Gab, Cong, Zaī).	n° 131
fando, pando	*Tabernaemontana crassa* (Gab, Cong, RCA).	n° 330
fifi	*Microdesmis puberula* (Gab, Cong, Zaī, RCA, Oug, Ang).	n° 220
fofolo	*Anthonotha macrophylla* (Gab, Cong, Zaī, Ang).	n° 21
gambé, gambi	*Garcinia punctata* (Gab, Cong, Zaī, RCA, Zamb, Ang),	n° 164
	et *Symphonia globulifera* (Gab, Cong, Zaī, RCA, Oug, Ang).	n° 326
gambi voir gambé.		
gédja	*Pandanus candelabrum* (Gab, Zaī).	n° 253
gondo, gondu	*Gossweilerodendron balsamiferum* (Gab, Cab, Zaī),	n° 167
	et *Oxystigma oxyphyllum* (Gab, Cong, Cab, Zaī, RCA).	n° 247

gondu voir gondo.		
gonja	*Markhamia lutea* (Zaï, RCA),	n° 216
	et *Markhamia tomentosa* (Gab, Cong, Zaï, RCA, Ang).	n° 217
1.32. kéla voir ékéla.		
kombé, mukombé	*Dialium dinklagei* (Gab, Cong, Zaï),	n° 95
	et *Schrebera arborea* (Zaï, RCA, Sud, Oug).	n° 305
kondu	*Funtumia africana* (Gab, Cong, Zaï, RCA, Oug, Kenya, Tang, Ang).	n° 155
konya	*Aningeria altissima* (du Cameroun atteint Afr. orientale).	n° 15
langango	*Mitragyna ciliata* et/ou *Mitragyna stipulosa* (GE, Gab, Cong, Cab, Zaï, RCA, Sud, Oug, Zamb, Ang).	n° 223
lékumbi, likumbi	*Ochthocosmus africanus* (Gab, Cong, Zaï, RCA).	n° 238
likumbi voir lékumbi.		
liwoso	*Vepris louisii* (? Gab, Cong, Zaï, RCA).	n° 353
londa voir élonda.		
mandogolongo	*Scaphopetalum thonneri* (Gab, Cong, Zaï)	n° 304
mbélémé	*Spathodea campanulata* (Gab, Cong, Zaï, RCA, Ang).	n° 310
mbiwala voir biwala.		
mbo	*Pachyelasma tessmannii* (GE, Gab, Cong, Zaï, RCA).	n° 248
mbondo	*Keayodendron bridelioides* (Gab, Cong, RCA).	n° 193
mébakoso, mobakoso	*Beilschmiedia obscura* (Gab, Cong, Zaï).	n° 36
mobakoso voir mébakoso.		
mobito	*Pteleopsis hylodendron* (Gab, Cong, Zaï, RCA).	n° 280
moka	*Corynanthe pachyceras* (GE, Gab, Cong, Zaï, RCA).	n° 82
molombo	*Pachypodanthium staudtii* (Gab, Cong).	n° 250
molubélé	*Plagiostyles africana* (GE, Gab, Cong, Zaï, RCA).	n° 273
mondumba	*Copaifera mildbraedii* (Gab, Zaï, RCA).	n° 80
mongola	*Trichoscypha patens* (GE, Gab).	n° 347

	mosakwasiku	*Lepidobotrys staudtii* (Gab, Cong, Zaî, RCA).	n° 203
	mukombé voir kombé.		
	mulébéngoy	*Ochna calodendron* (Cong, RCA).	n° 237
1.33.	nakisé, niamékisé	*Oldfieldia africana* (Cong, RCA).	n° 242
	ndéngo	*Croton oligandrus* (Gab, Cong, RCA).	n° 85
	ndo	*Funtumia elastica* (GE, Gab, Cong, Zaî, RCA, Sud, Oug).	n° 156
	ndombi voir dombi.		
	ngadjé	*Gambeya beguei* (Cong, ? Zaî, RCA, Zamb).	n° 157
	ngobemba, ngobimba	*Lovoa trichilioides* (Gab, Cong, Zaî, RCA, Oug, Ang).	n° 206
	ngobimba voir ngobemba.		
	ngolombé	*Schrebera arborea* (Zaî, RCA, Sud, Oug).	n° 305
	ngolu	*Terminalia superba* (GE, Gab, Cong, Cab, Zaî, RCA).	n° 332
	ngonja voir gonja.		
	ngoyo	*Trichoscypha abut* et/ou *Trichoscypha acuminata* (GE, Gab, Cong, Cab, Zaî).	n° 346
	nguluma, nguruma	*Dubosсia macrocarpa* et/ou *Duboscia viridiflora* (GE, Gab, Cong, Cab, Zaî, RCA).	n° 127
	nguruma voir nguluma.		
	niamékisé voir nakisé.		
	njila voir djila.		
	njombo voir énjumbu.		
1.34.	pandako	*Calpocalyx dinklagei* (GE, Gab).	n° 50
	pando voir fando.		
	pogobofamé	*Morinda lucida* (Gab, Cong, Cab, Zaî, RCA, Sud, Oug, Tang, Ang).	n° 226
	sélé	*Distemonanthus benthamianus* (GE, Gab, Cong).	n° 112
	sèné	*Canarium schweinfurthii* (du Cameroun atteint Sud, Tang, Ang),	n° 53
		et *Dacryodes edulis* (Gab, Cong, Zaî, RCA, Ang).	n° 91
	séwa	*Khaya anthotheca* (du Cameroun atteint Oug, ? Tang, Ang).	n° 194
	solia	*Irvingia grandifolia* (Gab, Cong, Zaî, RCA, Ang).	n° 186

talé, tali	*Baphia pubescens* (Gab, Zaï).	n° 32
tali voir **talé.**		
tanda	*Vepris louisii* (? Gab, Cong, Zaï, RCA).	n° 353
tékéléké, tétéké	*Nesogordonia papaverifera* (Gab, RCA, Ang).	n° 236
tembo	*Homalium letestui* (GE, Gab, Cong, Zaï, Ang).	n° 179
tétéké voir **tékéléké.**		
tongia	*Khaya anthotheca* (du Cameroun atteint Oug, ? Tang, Ang).	n° 194
tuba	*Tridesmostemon omphalocarpoides* (Gab, Cong, Cab, Zaï, RCA).	n° 349
yangali	*Camptostylus mannii* (Gab, Cong, RCA, Ang).	n° 51

1.35. B) sans recoupements :

bambi (1)	*Homalium longistylum* (Afr. centr., Afr. orientale).	n° 180
bangafendé (1)	*Oldfieldia africana* (Cong, RCA).	n° 242
bongo (1)	*Ficus leprieurii* (Gab, Zaï, RCA),	n° 149
	et *Treculia africana* (du Cameroun atteint Sud, Mozambique, Ang).	n° 340
buséké (1)	*Scottellia coriacea* (Gab, Cong, RCA).	n° 309
dambu (1)	*Spondianthus preussii* (Ge, Gab, Cong, Zaï, RCA, Sud, Oug, Tang, Ang).	n° 311
djolo (1)	*Ficus macrosperma* (Gab).	n° 150
éba (1)	*Vernonia conferta* (Afr. centr., Oug, Ang).	n° 354
fafanda (1)	*Harrisonia abyssinica* (Afr. centr., Afr. orientale),	n° 174
	et *Rauvolfia vomitoria* (Gab, Cong, Zaï, RCA, Sud, Oug, Tang, Ang).	n° 293
fo (1)	*Parinari excelsa* (Afr. centr., Afr. orientale).	n° 255
gambé, gambi (1)	*Pentadesma butyracea* (Gab, Cong, Zaï).	n° 265
gangulu (1)	*Octolobus spectabilis* (Gab, Cong, Zaï, RCA, Ang).	n° 239

godjo (1)	*Spondianthus preussii* (GE, Gab, Cong, Zaï, RCA, Sud, Oug, Tang, Ang).	n° 311
ili, iri (1)	*Amphimas pterocarpoides* (Cong, Zaï, RCA, Sud).	n° 11
jangalanga (1)	*Leea guineensis* (Afr. centr., Afr. orientale).	n° 202
kambonga (1)	*Rauvolfia vomitoria* (Gab, Cong, Zaï, RCA, Sud, Oug, Tang, Ang).	n° 293
kangola (1)	*Mildbraediodendron excelsum* (Zaï, RCA, Sud).	n° 221
kangota (1)	*Laccodiscus pseudostipularis* (Gab, Zaï, RCA).	n° 197
kanja (1)	*Chaetacme aristata* (Afr. centr., Afr. orientale),	n° 65
	et *Citropsis articulata* (Afr. centr.).	n° 69
kéla (1)	*Oldfieldia africana* (Cong, RCA).	n° 242
kèlè (1)	*Parkia filicoidea* (Afr. centr., Afr. orientale).	n° 258
1.36. lékadandu (1)	*Odyendyea gabonensis* (Gab, Cong, RCA).	n° 241
loabalé (1)	*Endodesmia calophylloides* (Gab, Cong, Cab, Zaï, RCA).	n° 132
mbiata (1)	*Maesobotrya dusenii* (GE, Gab, Cong).	n° 208
mbola (1)	*Picralima nitida* (Gab, Cong, Zaï, RCA, Oug).	n° 271
mokénjo (1)	*Ganophyllum giganteum* (Gab, Cong, Zaï, RCA).	n° 162
mpi (1)	*Antidesma laciniatum* (GE, Gab, Cong, Zaï, RCA, Oug).	n° 23
mufafélé (1)	*Phyllanthus polyanthus* (Gab, Cong, RCA).	n° 270
ngolé (1)	*Plagiostyles africana* (GE, Gab, Cong, Zaï, RCA).	n° 273
njiki (1)	*Penianthus longifolius* (GE, Gab, Cong, Zaï, RCA).	n° 262
pékési (1)	*Cathormion altissimum* (Gab, Cong, Zaï, RCA, Sud, Oug, Ang).	n° 57
po (1)	*Alchornea cordifolia* (Afr. centr., Afr. orientale).	n° 7
pusa (1)	*Picralima nitida* (Gab, Cong, Zaï, RCA, Oug).	n° 271
siambé (1)	*Markhamia lutea* (Zaï, RCA).	n° 216

toboli (1)	*Pausinystalia johimbe* (GE, Gab, Cong, RCA).	n° 260
tongolongo (1)	*Christiana africana* (Gab, Cong, Zaï, RCA, Sud, Ang).	n° 67

Conclusions

1.37. Au terme de cette discussion nous nous trouvons devant la situation suivante. Pour 450 appellations pygmées recueillies sur le terrain, représentant 360 espèces et fournissant en définitive pour celles-ci quelques 366 dénominations effectives et valables, donc utilisables pour nos recherches, nous rencontrons :

1°) - 104 dénominations (69 certaines et 35 probables à 80%) connues seulement en pygmée bibaya malgré la présence, au moins fragmentaire, de relevés de comparaison en d'autres langues pour les espèces concernées.

2°) - 23 dénominations connues seulement en pygmée bibaya par suite de l'absence de relevés de comparaison en d'autres langues pour les espèces concernées ; provisoirement nous ne pouvons tenir compte de ces dénominations.

3°) - 239 dénominations ayant leur correspondance en des langues oubanguiennes ou bantoues (dont 9 uniquement en baka-bocanga (= ngbaka) ou baya (= gbaya) et 11 uniquement en lissongo ou pahouin).

1.38. Des 104 dénominations connues seulement en pygmée bibaya actuellement, nous n'affirmerons nullement qu'elles soient toutes du "pygmée authentique", loin de là notre pensée ; mais c'est parmi elles que peuvent se trouver ces "termes d'origine" si ils existent, et nous supposons qu'ils existent car l'absence de comparaisons possibles nous paraît vraiment significative, si l'on tient compte de la comparaison possible avec des relevés d'autres auteurs et de la banalité de plusieurs plantes bien connues. Nous pensons - par exemple - à : *Canarium schweinfurthii* n° 53 **sènè**, *Coelocaryon preussii* n° 72 **bambayoko** , *Duboscia macrocarpa* et/ou *D. viridiflora* n° 127 **nguluma (nguruma)**, *Funtumia elastica* n° 156 **ndo**, *Garcinia punctata* n° 164 et autres Clusiacées **gambé-gambi**, *Irvingia grandifolia* n° 186 **solia**, *Microdesmis puberula* n° 220 **fifi**, *Mitragyna ciliata* et/ou *M. stipulosa* n° 223 **langango**, *Plagiostyles africana* n° 273 **mobulélé**, *Terminalia superba* n° 332 **ngolu**, *Trichoscypha abut* et/ou *T. acuminata* n° 346 **ngoyo**, ...

En fait nous ne pouvons offrir aucun critère pour détecter, parmi les 104 dénominations retenues, celles qui pourraient être authentiquement pygmées et celles qui ne le seraient pas. Peut-être d'autres disciplines - nous pensons en particulier à la comparaison linguistique - pourraient-elles mettre en évidence des phénomènes qui ne peuvent que nous échapper dans le domaine si particulier de la botanique.

La présence de certaines de ces 104 dénominations en d'autres groupements pygmées d'Afrique centrale, jointe à une forte certitude qu'elles n'existent pas en d'autres langues, tendrait à prouver l'existence d'une langue pygmée originelle se perdant dans la nuit des temps; celle-ci se serait effritée et la langue pygmée actuelle serait, quant au vocable tout au moins, un mélange de fragments résiduels de la langue originelle en faible proportion et d'apports extérieurs plus ou moins déformés ; ceci paraît d'ailleurs correspondre à première vue au devenir normal et habituel d'une langue quelle qu'elle soit, en l'absence d'isolement géographique absolu jusqu'à nos jours.

BIBLIOGRAPHIE

BOUQUET A. - 1969, *Féticheurs et médecines traditionnelles du Congo (Brazzaville)*, Paris, O.R.S.T.O.M., 282p. et ill.

CHEVALIER A. - 1951, "Catalogue des arbres vivant dans la forêt dense et les galeries en Afrique centrale (Bassin de l'Oubangui, de la Haute-Sangha et du Haut-Chari)", *Rev. Bot. Appliq. et Agric. Trop.* 31, 485-504, 605-623.

DUCHESNE F. - 1938, *Les essences forestières du Congo belge III, Leurs dénominations indigènes*, Bruxelles, Minist. Colon. (Dir. Agric., Elev., Colon.) et impr. Bothy, 265 p.

JACQUOT A. - 1959, "La langue des Pygmées de la Sangha ; essai d'identification", *Bull. Inst. Et. Centrafr.*, 17-18, 35-42.

LETOUZEY R. - 1964, "Dénominations pygmées de quelques arbres et arbustes forestiers camerounais", *Journ. Agric. Trop. Bot. Appliq.* 11, 347-383 avec ill.

- 1966, "Recherches sur la nomenclature botanique des Pygmées", *Journ. Agric. Trop. Bot. Appliq.* 13, 479-543 avec ill.

- 1967, "Note sur les Pygmées de la région tikar au Cameroun", *Journ. Agric. Trop. Bot. Appliq.* 14, 277-280 avec ill.

- 1969-1970-1972, *Manuel de Botanique forestière (Afrique tropicale) : 1. Botanique générale, 2. Familles,* Nogent sur Marne, Centre Technique Forestier tropical, I : 189 p. avec ill. (1969), II A et B : 461 p. avec ill. (1970 et 1972).

LETOUZEY R. - 1970, "Les relations linguistiques des Pygmées dans le domaine des plantes", *C.R. Ac. Sc. Outre-Mer* 30, 296-309.

LINIGER-GOUMAZ M. - 1968, *Pygmées et autres races de petite taille (Boshimans, Hottentots, Negritos, etc...) Bibliothèque générale*, Genève, Ed. du temps, 338 p.

PLISNIER-LADAME F. - 1970, *Les Pygmées, "Enquêtes bibliographiques" XVII*, Bruxelles, C.E.D.E.S.A., 255 p.

SCHEBESTA P. - 1949, "La langue des Pygmées", *Zaïre* 3, 2, 119-128.

SILLANS R. - 1958, *Les savanes de l'Afrique centrale"*, Paris, Lechevalier, 423 p. avec ill.

THOMAS J. - 1959, "Notes d'ethnobotanique africaine. Plantes utilisées dans la région de la Lobaye (Afrique centrale)", *Journ. Agric. Trop. Bot. Appliq.* 6, 353-390.

TISSERANT C. - 1950, *Catalogue de la flore de l'Oubangui-Chari*, Brazzaville, Inst. Et. Centrafr. (Mémoire, 2), 166 p.

VERGIAT A.M. - 1969-1970, "Plantes magiques et médicinales des féticheurs de l'Oubangui (Région de Bangui)", *Journ. Agric. Trop. Bot. Appliq.* 16, 84-110, 335-367, 418-488 (1969) et 17, 171-199, 295-339 (1970) avec ill., (Tiré à part : 205 p. et index 33 p., 1970).

WALKER A. et SILLANS R. - 1961, *Les plantes utiles du Gabon*, Paris, Lechevalier, 614 p. avec ill.

*** - 1948 ..., *Flore du Congo, du Rwanda et du Burundi*, devenue *Flore d'Afrique centrale (Zaïre, Rwanda, Burundi)*, 10 volumes, Bruxelles, I.N.E.A.C., (1948 à 1963) ; puis fascicules séparés, Jard. bot. nat. Belgique, Meise (depuis 1964).

APPENDICE

I. LISTE DES NOMS EN PYGMÉE BIBAYA

A-	adjadjo (1)	*Pausinystalia johimbe*[1]	n° 260
	andaka (1)	*Glyphaea brevis*	n° 166
	andung	*Monopetalanthus pellegrinii*	n° 225
	asama	*Turraeanthus africanus*	n° 351
	ayan, éyan	*Xylopia aethiopica*	n° 357
B-	babangilo	*Diospyros mannii*	n° 108
	babango	[*Diospyros bipindensis*	n° 103
		[*Diospyros iturensis*	n° 107
	bado, mbado	*Triplochiton scleroxylon*	n° 350
	bagolo	[*Buchnerodendron speciosum*	n° 47
		[*Caloncoba glauca*	n° 48
		[*Lindackeria dentata*	n° 204
	bamba	*Albizia glaberrima*	n° 5
	bambanja	*Mansonia altissima*	n° 214
	bamboyoko	*Coelocaryon preussii*	n° 72
	bambi (1)	[*Gilbertiodendron dewevrei*	n° 165
		[*Homalium longistylum*	n° 180
	bambu, mubambu (B)[2]	*Gambeya lacourtiana*	n° 159
	bandi, bangi	*Chlorophora excelsa*	n° 66
	banga	[*Anthocleista sp.*	n° 19
		[*Cola acuminata*	n° 73
	bangafendé (1)	*Oldfieldia africana*	n° 242

[1] Nom d'auteurs, familles et synonymes figurent dans la seconde liste.

[2] D'après BOUQUET.

bangala, linjala, njala, panjala	*Campylospermum elongatum*	n° 52
bangi, bandi	*Chlorophora excelsa*	n° 66
bègé, bwégé	*Celtis philippensis*	n° 61
bélé	*Holoptelea grandis*	n° 178
bélémé	*Hymenodictyon pachyantha*	n° 183
bemba, bimba	*Afzelia bipindensis*	n° 2
	Anthonotha cladantha	n° 20
	Gilbertiodendron dewevrei	n° 165
	Lecaniodiscus cupanioides	n° 201
	Oddoniodendron micranthum	n° 240
bianji (1)	*Allanblackia floribunda*	n° 9
bidjongolo (1)	*Maesopsis eminii*	n° 209
bikiyo	*Isolona zenkeri* (?) RL n° 10419[3]	n° 191
bimba, bemba	*Afzelia bipindensis*	n° 2
	Anthonotha cladantha	n° 20
	Gilbertiodendron dewevrei	n° 165
	Lecaniodiscus cupanioides	n° 201
	Oddoniodendron micranthum	n° 240
binjo (1)	*Baphia sp.*	n° 33
bitongo	*Angylocalyx pynaertii*	n° 13
biwala, mbiwala	*Balanites wilsoniana*	n° 30
bobindo	*Oldfieldia africana*	n° 242
bobongi (B)	*Leea guineensis*	n° 202
bodaba	*Grossera macrantha*	n° 169
bokanga, bokanja	*Parinari glabra*	n° 256
bokanja, bokanga	*Parinari glabra*	n° 256
bokembé, mokembé	*Diospyros hoyleana*	n° 106
bokoko, bukoko	*Klainedoxa gabonensis*	n° 195
bokokwanjubé	*Erismadelphus exsul*	n° 138
bokondo	*Samanea dinklagei*	n° 301
bokulo	*Entandrophragma utile*	n° 136
bologa	*Drypetes capillipes*	n° 117
	Drypetes gossweileri	n° 118
bolongo	*Fagara heitzii*	n° 142
	Fagara lemairei	n° 143
	Fagara macrophylla	n° 144
	Fagara tessmannii	n° 145

[3] Cette indication désigne des échantillons de nos collections déposés à l'Herbier National Camerounais à Yaoundé et à l'Herbier du Muséum national d'Histoire naturelle à Paris.

bolu (1)	*Allanblackia floribunda*	n° 9
boluma	*Cylicodiscus gabunensis*	n° 88
bom, pom, pomo	*Allanblackia floribunda*	n° 9
boma, éboma	*Anopyxis klaineana*	n° 18
bombongo	*Strombosia pustulata*	n° 320
bondulu	*Klainedoxa microphylla*	n° 196
bongo	*Fernandoa adolfi-friderici*	n° 146
	Fernandoa ferdinandi	n° 147
	Ficus leprieurii	n° 149
	Treculia africana	n° 340
bongoy, bongwé (1)	*Suregada sp.* RL n°5493 - 5493 bis	n° 324
bongwé, bongoy (1)	*Suregada sp.* RL n°5493 - 5493 bis	n° 324
bosiko	*Strombosiopsis tetrandra*	n° 322
boso	*Combretodendron macrocarpum*	n° 79
bosomba	*Erythroxylum mannii*	n° 141
boti, boto	*Mammea africana*	n° 211
boto, boti	*Mammea africana*	n° 211
botunga	*Polyalthia suaveolens*	n° 276
bowenjo	*Xylopia hypolampra*	n° 358
boyo, mboyo	*Entandrophragma cylindricum*	n° 135
bukoko, bokoko	*Klainedoxa gabonensis*	n° 195
bulembo	*Sterculia rhinopetala*	n° 315
buluba (1)	*Baphia pubescens*	n° 32
bumba (1)	*Synandrodaphne paradoxa*	n° 327
buséké (1)	*Scottellia coriacea*	n° 309
busolo	*Aptandra zenkeri*	n° 26
	Ongokea gore	n° 245
bwadéndu	*Odyendyea gabonensis*	n° 241
bwégé, bègé	*Celtis philippensis*	n° 61
D- daga, djaba, djaga	*Tetrapleura tetraptera*	n° 336
damba, ndama, ndamba	*Funtumia elastica*	n° 156
dambu (1)	*Spondianthus preussii*	n° 311
dengo (B)	*Croton haumanianus*	n° 84
dimba	*Strychnos ternata*	n° 323
diose (B)	*Phyllanthus muellerianus*	n° 269
djaba, daga, djaga	*Tetrapleura tetraptera*	n° 336
djaga, daga, djaba	*Tetrapleura tetraptera*	n° 336
djama	*Diospyros abyssinica*	n° 102
djéné, njéné	*Harungana madagascariensis*	n° 175
	Tetrorchidium didymostemon	n° 337

djila, njila	*Discoglypremna caloneura*	n° 111
	Paropsia guineensis	n° 259
djingo	*Isolona thonneri*	n° 190
	Monodora tenuifolia	n° 224
djolo	*Ficus macrosperma*	n° 150
	Ficus sp.	n° 153
dombi, ndombi	*Bombax buonopozense*	n° 40
dundu	*Neosloetiopsis kamerunensis*	n° 235
E- éba (1)	*Vernonia conferta*	n° 354
éboma, boma	*Anopyxis klaineana*	n° 18
éboyo	*Eribroma oblongum*	n° 137
ébuku	*Grewia coriacea*	n° 168
ékéla, kéla	*Amphimas pterocarpoides*	n° 11
	Mildbraediodendron excelsum	n° 221
	Oldfieldia africana	n° 242
ékwa (1)	*Cussonia sp.* RL n° 5586	n° 87
éléko (1)	*Fillaeopsis discophora*	n° 154
élékwo, éluku	*Cassia mannii*	n° 56
	Swartzia fistuloides	n° 325
élolo (1)	*Raphia regalis*	n° 290
élonda, londa	*Albizia ferruginea*	n° 4
éluku, élékwo	*Cassia mannii*	n° 56
	Swartzia fistuloides	n° 325
énjumbu, njombo	*Guarea thompsonii*	n° 172
énonu, ténonu	*Rhodognaphalon brevicuspe*	n° 294
épinedo, évindo	*Strombosia grandifolia*	n° 319
	Strombosia scheffleri	n° 321
ésié, mésié (1)	*Raphia hookeri*	n° 288
ésosi	*Syzygium rowlandii*	n° 329
ésuma	*Lasiodiscus mannii*	n° 199
éténgé, téngé, tingé	*Pycnanthus angolensis*	n° 285
étim, métim	*Raphia regalis*	n° 290
évindo, épinedo	*Strombosia grandifolia*	n° 319
	Strombosia scheffleri	n° 321
évota, pota	*Hexalobus crispiflorus*	n° 177
évué	*Enantia chlorantha*	n° 131
éwawa, liwawa	*Ficus mucuso*	n° 151
éwungu, wungu	*Pseudospondias microcarpa*	n° 279
éyan, ayan	*Xylopia aethiopica*	n° 357

F-	fafanda (1)	*Harrisonia abyssinica*	n° 174
		Rauvolfia vomitoria	n° 293
	fambo, pambo	*Barteria fistulosa*	n° 34
	fando, pando	*Tabernaemontana crassa*	n° 330
	fiambé (1)	*Hymenodictyon pachyantha*	n° 183
	fifi	*Microdesmis puberula*	n° 220
	fo	*Parinari excelsa*	n° 255
		Poga oleosa	n° 275
	fofoko	*Cola lateritia*	n° 76
	fofolo	*Anthonotha macrophylla*	n° 21
		Berlinia sp.	n° 37
		Tetrorchidium didymostemon	n° 337
	fongi, pongi	*Bosqueia angolensis*	n° 41
	fulu, furu	*Vitex spp.*	n° 356
	furu, fulu	*Vitex spp.*	n° 356
	fusa, pusa	*Picralima nitida*	n° 271
		Treculia africana	n° 340
G-	gambé, gambi	*Garcinia punctata*	n° 164
		Pentadesma butyracea	n° 265
		Symphonia globulifera	n° 326
	gambi, gambé	*Garcinia punctata*	n° 164
		Pentadesma butyracea	n° 265
		Symphonia globulifera	n° 326
	ganda (1)	*Diospyros iturensis*	n° 107
	gandu	*Lebruniodendron leptanthum*	n° 200
		Pterocarpus mildbraedii	n° 281
	gangulu (1)	*Octolobus spectabilis*	n° 239
	gédja	*Pandanus candelabrum*	n° 253
	gimba	*Afrostyrax lepidophyllus*	n° 1
	gobo	*Ricinodendron heudelotii*	n° 295
	godjo, ngodjo	*Carapa procera*	n° 54
		Spondianthus preussii	n° 311
		Trichoscypha patens	n° 347
	gogologo, ngokoloko	*Schumanniophyton magnificum*	n° 306
	gombé, ngombé	*Celtis mildbraedii*	n° 60
		Celtis zenkeri	n° 63
	gondo, gondu	*Gossweilerodendron balsamiferum*	n° 167
		Oxystigma oxyphyllum	n° 247
		Stemonocoleus micranthus	n° 313

	gondu, gondo	*Gossweilerondendron balsamiferum*	n° 167
		Oxystigma oxyphyllum	n° 247
		Stemonocoleus micranthus	n° 313
	gongo	*Drypetes iturensis*	n° 119
	gongu (1)	*Antrocaryon klaineanum*	n° 24
	gonja, ngonja	*Markhamia lutea*	n° 216
		Markhamia tomentosa	n° 217
	gosa, mogosa, nagwesa	*Trema orientalis*	n° 341
	guga	*Alstonia boonei*	n° 10
	gumbé (1)	*Manilkara fouilloyana*	n° 212
I-	ili, iri (1)	*Amphimas pterocarpoides*	n° 11
	iri, ili (1)	*Amphimas pterocarpoides*	n° 11
J-	jangalanga (1)	*Leea guineensis*	n° 202
K-	kakala	*Celtis adolfi-friderici*	n° 59
	kaki	*Entandrophragma angolense*	n° 133
	kambonga (1)	*Rauvolfia vomitoria*	n° 293
	kana, nkana	*Panda oleosa*	n° 252
	kanga	*Amphimas pterocarpoides*	n° 11
		Entandrophragma candollei	n° 134
	kangamanja (1)	*Sapium ellipticum*	n° 303
	kangmbom (1)	*Strephonema pseudocola*	n° 318
	kango, kangu	*Phyllanthus discoideus*	n° 268
	kangola (1)	*Mildbraediodendron excelsum*	n° 221
	kangota (1)	*Laccodiscus pseudostipularis*	n° 197
	kangu, kango	*Phyllanthus discoideus*	n° 268
	kanja (1)	*Chaetacme aristata*	n° 65
		Citropsis articulata	n° 69
		Dichrostachys cinerea	n° 100
	kékélé	*Celtis tessmannii*	n° 62
	kéla, ékéla	*Amphimas pterocarpoides*	n° 11
		Mildbraediodendron excelsum	n° 221
		Oldfieldia africana	n° 242
	kèlè (1)	*Parkia filicoidea*	n° 258
	kiyo	*Cleistopholis patens*	n° 71
	kolo	*Autranella congolensis*	n° 28
	koloka	*Breviea leptosperma*	n° 44
		Gambeya perpulchra	n° 160

	kombé, mukombé	*Dialium dinklagei*	n° 95
		Dialium excelsum	n° 96
		Schrebera arborea	n° 305
	kombélé, kumbélé	*Irvingia robur*	n° 187
		Irvingia wombolu	n° 189
	kombo	*Musanga cecropioides*	n° 230
	kondu	*Funtumia africana*	n° 155
	kongombé	*Celtis zenkeri*	n° 63
	konya	*Aningeria altissima*	n° 15
		Donella ubanguiensis	n° 114
		Gambeya perpulchra	n° 160
	kpaso	*Drypetes sp.* RL n° 5030	n° 124
	kulo, kulu	*Ceiba pentandra*	n° 58
	kulu, kulo	*Ceiba pentandra*	n° 58
	kumbélé, kombélé	*Irvingia robur*	n° 187
		Irvingia wombolu	n° 189
	kungu	*Piptadeniastrum africanum*	n° 272
	kwa	*Lannea welwitschii*	n° 198
L-	lando	*Hylodendron gabunense*	n° 182
	langa (1)	*Entandrophragma utile*	n° 136
	langango	*Mitragyna ciliata*	n° 223
		Mitragyna stipulosa	n° 223
	lékadandu (1)	*Odyendyea gabunensis*	n° 241
	lékumbi, likumbi	*Ochthocosmus africanus*	n° 238
	lembé	*Diospyros crassiflora*	n° 105
	liamba	*Desplatsia dewevrei*	n° 93
	liba (B)	*Diospyros bipindensis*	n° 103
	libaba	*Santiria trimera*	n° 302
	ligo, lügo	*Cola acuminata*	n° 73
		Cola altissima	n° 74
	likoye (1)	*Entandrophragma utile*	n° 136
	likumbi, lékumbi	*Ochthocosmus africanus*	n° 238
	lingembé	*Ficus exasperata*	n° 148
		Ficus mucuso	n° 151
	lingi (1)	*Nauclea diderrichii*	n° 232
	linjala, bangala, njala, panjala	*Campylospermum elongatum*	n° 52
	livété (1)	*Ficus mucuso*	n° 151
	liwawa, éwawa	*Ficus mucuso*	n° 151
	liwoso	*Vepris louisii*	n° 353

	loabalé (1)	*Endodesmia calophylloides*	n° 132
	loambano	*Xylopia quintasii*	n° 360
	lokokolo (B)	*Rauvolfia obscura*	n° 292
	londa, élonda	*Albizia ferruginea*	n° 4
	londo, longo	*Maesopsis eminii*	n° 209
	longo, londo	*Maesopsis eminii*	n° 209
	lügo, ligo	*Cola acuminata*	n° 73
		Cola altissima	n° 74
M-	mabi	*Baillonella toxisperma*	n° 29
	madjagwa, madjakba	*Afzelia bipindensis*	n° 2
	madjakba, madjagwa	*Afzelia bipindensis*	n° 2
	madjéjé (1)	*Gambeya boukokoensis*	n° 158
	makamba (1)	*Berlinia sp.*	n° 38
	malanga	*Staudtia stipitata*	n° 312
	mambéléngé	*Meiocarpidium lepidotum*	n° 219
	mandogolongo	*Scaphopetalum thonneri*	n° 304
		Scaphopetalum sp. RL n° 11761	n° 304
	mandongé, mondongé	*Aningeria altissima*	n° 15
		Aningeria robusta	n° 16
		Gambeya boukokoensis	n° 158
	mangénja, mongénja	*Manilkara letouzeyi*	n° 213
	maséba, maséfa (1)	*Drypetes aframensis*	n° 116
		Drypetes sp. RL n° 5301	n° 125
	maséfa, maséba (1)	*Drypetes aframensis*	n° 116
		Drypetes sp. RL n° 5301	n° 125
	mauya	*Pterygota bequaertii*	n° 283
	mayimbo, mayombo	*Trichilia heudelotii*	n° 342
		Trichilia rubescens	n° 345
	mayimbonagbanga (1)	*Trichilia lanata*	n° 343
	mayombo, mayimbo	*Trichilia heudelotii*	n° 342
		Trichilia rubescens	n° 345
	mbabi	*Cordia platythyrsa*	n° 81
	mbado, bado	*Triplochiton scleroxylon*	n° 350
	mbalaka	*Pentaclethra macrophylla*	n° 264
	mbalaka yambim (1)	*Pentaclethra eetveldeana*	n° 263
	mbanda	*Erythrophloeum suaveolens*	n° 140
	mbaso	*Dialium guineense*	n° 97
		Dialium pachyphyllum	n° 98
	mbaté	*Omphalocarpum lecomteanum*	n° 243
		Omphalocarpum procerum	n° 244

mbé, nbwé, ngwé(B), ombé	*Anonidium mannii*	n° 17
mbégna	*Guarea cedrata*	n° 171
mbéla, mboloa	*Diospyros canaliculata*	n° 104
	Diospyros monbuttensis	n° 109
	Diospyros physocalycina	n° 110
mbélémé	*Spathodea campanulata*	n° 310
mbi, nbüi, nbwi, ngbi	*Dicranolepis spp.*	n° 101
mbiata (1)	*Maesobotrya dusenii*	n° 208
mbiato	*Dracaena arborea*	n° 115
mbila (1)	*Elaeis guineensis*	n° 129
mbiri	*Detarium macrocarpum*	n° 94
mbiwala, biwala	*Balanites wilsoniana*	n° 30
mbo	*Pachyelasma tessmannii*	n° 248
mboboa (B)	*Diospyros physocalycina*	n° 110
mbobongo (B)	*Strombosiopsis tetrandra*	n° 322
mbola (1)	*Picralima nitida*	n° 271
mbolé	*Cola gigantea*	n° 75
mboli (1)	*Sterculia tragacantha*	n° 317
mboloa, mbéla	*Diospyros canaliculata*	n° 316
	Diospyros monbuttensis	n° 109
	Diospyros physocalycina	n° 110
mbolongo	*Phyllanthus muellerianus*	n° 269
mbom	*Khaya anthotheca*	n° 194
mbomu	*Strephonema pseudocola*	n° 318
mbondo	*Keayodendron bridelioides*	n° 193
mbonga	*Rauvolfia macrophylla*	n° 291
mboyo, boyo	*Entandrophragma cylindricum*	n° 135
mbu, bulu	*Duvigneaudia inopinata*	n° 128
mbusa (B)	*Xylopia hypolampra*	n° 358
mébakoso, mobakoso	*Beilschmiedia fulva*	n° 35
	Beilschmiedia louisii	n° 35
	Beilschmiedia obscura	n° 36
méko	*Cola rostrata*	n° 77
méléa	*Desbordesia glaucescens*	n° 92
mengégné (1)	*Pentaclethra eetveldeana*	n° 263
mengom, menkwom	*Coula edulis*	n° 83
ménjanjomo (1)	*Breviea leptosperma*	n° 44
menkwom, mengom	*Coula edulis*	n° 83
mésié, ésié (1)	*Raphia hookeri*	n° 288
mésiongo (1)	*Trema orientalis*	n° 341

métim, étim	*Raphia regalis*	n° 290
mila nia ngumu (B)	*Lepidobotrys staudtii*	n° 203
mindo (1)	*Massularia acuminata*	n° 218
mingégné, nguényé	*Scorodophloeus zenkeri*	n° 308
mobakoso, mébakoso	*Beilschmiedia fulva*	n° 35
	Beilschmiedis louisii	n° 35
	Beilschmiedia obscura	n° 36
mobala, mogbala	*Ophiobotrys zenkeri*	n° 246
	Trichilia prieureana	n° 344
mobay	*Pericopsis elata*	n° 266
mobéka, mobésa	*Guarea thompsonii*	n° 172
mobésa, mobéka	*Guarea thompsonii*	n° 172
mobito	*Pteleopsis hylodendron*	n° 280
mobolu	*Irvingia wombolu*	n° 189
mogbala, mobala	*Ophiobotrys zenkeri*	n° 246
	Trichilia prieureana	n° 344
mogosa, gosa, nagwesa	*Trema orientalis*	n° 341
moka	*Corynanthe pachyceras*	n° 82
mokembé, bokembé	*Diospyros hoyleana*	n° 106
mokénjénjé (1)	*Synsepalum stipulatum*	n° 328
mokénjo (1)	*Ganophyllum giganteum*	n° 162
mokimbu (B)	*Trichilia rubescens*	n° 345
mokombé	*Majidea fosteri*	n° 210
moley (1)	*Xylopia hypolampra*	n° 358
molomba	*Heisteria zimmereri*	n° 176
molombo	*Pachypodanthium barteri*	n° 249
	Pachypodanthium staudtii	n° 250
molonjo, molunju	*Brenania brieyi*	n° 43
molubélé	*Plagiostyles africana*	n° 273
molunju, molonjo	*Brenania brieyi*	n° 43
mombokola	*Parinari chrysophylla*	n° 254
	Parinari excelsa	n° 255
mondongé, mandongé	*Aningeria altissima*	n° 15
	Aningeria robusta	n° 16
	Gambeya boukokoensis	n° 158
mondumba	*Copaifera mildbraedii*	n° 80
mongamba	*Dichostemma glaucescens*	n° 99
mongénja, mangénja	*Manilkara letouzeyi*	n° 213
mongola	*Trichoscypha patens*	n° 347

monjié, munjié	*Xylopia hypolampra*	n° 358
	Xylopia quintasii	n° 360
monono (1)	*Carpolobia sp.*	n° 55
monsé, mosé	*Nauclea diderrichii*	n° 232
	Nauclea pobeguinii	n° 233
mosakwasiku	*Lepidobotrys staudtii*	n° 203
mosayuri, moséayuli	*Nauclea diderrichii*	n° 232
mosé, monsé	*Nauclea diderrichii*	n° 232
	Nauclea pobeguinii	n° 233
moséayuli, mosayuri	*Nauclea diderrichii*	n° 232
motétombé (1)	*Drypetes molunduana*	n° 121
mototoko	*Hunteria umbellata*	n° 181
	Picralima nitida	n° 271
mototombo (1)	*Drypetes principum* (?)	n° 123
movutu (B)	*Trichoscypha abut*	
	et/ou *T. acuminata*	n° 346
mbaya, paya (1)	*Drypetes paxii*	n° 122
	Drypetes principum (?)	n° 123
mpi (1)	*Antidesma laciniatum*	n° 23
mubambu (B), bambu	*Gambeya lacourtiana*	n° 159
mudjamba (B)	*Combretodendron macrocarpum*	n° 79
mufafélé (1)	*Maprounea membranacea*	n° 215
	Phyllanthus polyanthus	n° 270
mukombé, kombé	*Dialium dinklagei*	n° 95
	Dialium excelsum	n° 96
	Schrebera arborea	n° 305
mukuyu (B)	*Cleistopholis patens*	n° 71
mulanda (1)	*Crudia gabonensis*	n° 86
mulébéngoy	*Ochna calodendron*	n° 237
mundanga (1)	*Picralima nitida*	n° 271
munjékénjéké (1)	*Vitex rivularis*	n° 355
munjié, monjié	*Xylopia hypolampra*	n° 358
	Xylopia quintasii	n° 360
musasa	*Macaranga spp.*	n° 207
musasombo, sosombo	*Irvingia smithii*	n° 188
musébé	*Pleiocarpa bicarpellata*	n° 274
muwawana (B)	*Mostuea brunonis*	n° 228
muyali	*Antrocaryon micraster*	n° 25
	Pterygota macrocarpa	n° 284
mvié (1)	*Sclerosperma mannii*	n° 307

N-	nagwesa, gosa, mogosa	*Trema orientalis*	n° 341
	nakisé, niamékisé	*Oldfieldia africana*	n° 242
	nbüi, mbi, nbwi, ngbi	*Dicranolepis spp.*	n° 101
	nbwé, mbé, ngwé (B), ombé	*Anonidium mannii*	n° 17
	nbwi, mbi, nbüi, ngbi	*Dicranelopis spp.*	n° 101
	ndama, damba, ndamba	*Funtumia elastica*	n° 156
	ndamba, damba, ndama	*Funtumia elastica*	n° 156
	ndembé	*Aubrevillea kerstingii*	n° 27
		Parkia bicolor	n° 257
		Parkia filicoidea	n° 258
	ndengé	*Cephaëlis mannii*	n° 64
		Phoenix reclinata	n° 267
	ndéngo	*Croton oligandrus*	n° 85
	ndo	*Funtumia elastica*	n° 156
	ndombi, dombi	*Bombax buonopozense*	n° 40
	ndongé (1)	*Polyscias fulva*	n° 277
	ngadjé	*Donella pruniformis*	n° 113
		Gambeya beguei	n° 157
	nganda, nganga	*Milletia sanagana*	n° 222
	nganga, nganda	*Milletia sanagana*	n° 222
	ngata	*Myrianthus arboreus*	n° 231
	ngayakoko (1)	*Cola urceolata*	n° 78
	ngbi, mbi, nbüi, nbwi	*Dicranolepis spp.*	n° 101
	ngbwel (1)	*Garcinia kola*	n° 163
	ngèlé	*Pterocarpus soyauxii*	n° 282
	ngindi	*Rinorea aylmeri* (?)	n° 296
		Rinorea dentata (?)	n° 297
	ngobemba, ngobimba	*Lovoa trichilioides*	n° 206
	ngobimba, ngobemba	*Lovoa trichilioides*	n° 206
	ngobo	*Porterandia cladantha*	n° 278
	ngodjo, godjo	*Carapa procera*	n° 54
	ngoka	*Lophira alata*	n° 205
		Thomandersia hensii	n° 338
		Thomandersia laurifolia	n° 339
	ngoka mahombe (B)	*Quassia africana*	n° 287
	ngokélé	*Lophira alata*	n° 205
	ngokoloko, gogologo	*Schumanniophyton magnificum*	n° 306
	ngolé (1)	*Plagiostyles africana*	n° 273
	ngolombé	*Schrebera arborea*	n° 305
	ngolu	*Terminalia superba*	n° 332

ngombé, gombé	[*Celtis mildbraedii*	n° 60
	[*Celtis zenkeri*	n° 63
ngondo (1)	*Buchholzia sp.* RL n° 12075	n° 46
ngongomu (1)	*Cylicomorpha solmsii*	n° 89
ngonja, gonja	[*Markhamia lutea*	n° 216
	[*Markhamia tomentosa*	n° 217
ngoyayéndé (1)	*Trichoscypha sp.* RL n° 5431	n° 348
ngoyo	[*Trichoscypha abut*	
	[et/ou *T. acuminata*	n° 346
nguényé, mingégné	*Scorodophloeus zenkeri*	n° 308
nguluma, nguruma	[*Duboscia macrocarpa*	n° 127
	[*Duboscia viridiflora*	n° 127
ngulumbé (1)	*Erythrina excelsa*	n° 139
nguruma, nguluma	[*Duboscia macrocarpa*	n° 127
	[*Duboscia viridiflora*	n° 127
ngwé (B), mbé, nbwé, ombé	*Anonidium mannii*	n° 17
ngwo	*Xylopia aethiopica*	n° 357
niamékisé, nakisé	*Oldfieldia africana*	n° 242
niembo (1)	*Mostuea sp.*	n° 229
njala, bangala, linjala, panjala	*Campylospermum elongatum*	n° 52
njangé (1)	*Erythrina excelsa*	n° 139
njéné, djéné	[*Harungana madagascariensis*	n° 175
	[*Tetrorchidium didymostemon*	n° 337
njiki (1)	*Penianthus longifolius*	n° 262
njila, djila	[*Discoglypremna caloneura*	n° 111
	[*Paropsia guineensis*	n° 259
njoli, njuri	[*Aningeria altissima*	n° 15
	[*Gambeyobotrys gigantea*	n° 161
njombo, énjumbu	*Guarea thompsonii*	n° 172
njué (1)	*Donella ubanguiensis*	n° 114
njuri, njoli	[*Aningeria altissima*	n° 15
	[*Gambeyobotrys gigantea*	n° 161
nkana, kana	*Panda oleosa*	n° 252
nokoténgé	*Coelocaryon preussii*	n° 72
O- ombé, mbé, nbwé, ngwé (B)	*Anonidium mannii*	n° 17
P- paka	[*Guibourtia demeusei*	n° 173
	[*Tessmannia africana*	n° 333
	[*Tessmannia anomala*	n° 334
	[*Tessmannia lescrauwaetii*	n° 335

	pambo, fambo	*Barteria fistulosa*	n° 34
	pandako	*Calpocalyx dinklagei*	n° 50
	pando, fando	*Tabernaemontana crassa*	n° 330
	panjala, banjala, linjala, njala	*Campylospermum elongatum*	n° 52
	paya, mpaya	[*Drypetes paxii*	n° 122
		Drypetes principum (?)	n° 123
	payo	*Irvingia excelsa*	n° 184
	péké	[*Raphia laurentii*	n° 289
		Raphia monbuttorum	n° 289
	pékési	*Cathormiom altissimum*	n° 57
	pékié	*Irvingia gabonensis*	n° 185
	pio (B)	*Cleistopholis patens*	n° 71
	pipi (B)	*Microdesmis puberula*	n° 220
	po (1)	*Alchornea cordifolia*	n° 7
	pobongo (1)	*Ficus rubroreceptaculata* (?) RL n° 11717	n° 152
	pogobofamé	*Morinda lucida*	n° 226
	poki (1)	*Pachystela msolo*	n° 251
	pokolo (1)	*Isomacrolobium isopelatum*	n° 192
	pokolona balé (1)	*Brachystegia sp.* (?) RL n° 11699	n° 42
	pom, bom, pomo	*Allanblackia floribunda*	n° 9
	pomo, bom, pom	*Allanblackia floribunda*	n° 9
	pongi, fongi	*Bosqueia angolensis*	n° 41
	ponji (1)	*Erythrina excelsa*	n° 139
	popoko (1)	*Sterculia tragacantha*	n° 317
	pota, évota	*Hexalobus crispiflorus*	n° 177
	pusa, fusa	[*Picralima nitida*	n° 271
		Treculia africana	n° 340
S-	saka	[*Albizia adianthifolia*	n° 3
		Albizia zygia	n° 6
	sandjabongo (B), sandjambongo	[*Rinorea elliotii*	n° 298
		Rinorea oblongifolia	n° 300
	sangé, sangi	[*Xylopia aethiopica*	n° 357
		Xylopia hypolampra	n° 358
		Xylopia phloiodora	n° 359
		Xylopia quintasii	n° 360
	sangi, sangé	[*Xylopia aethiopica*	n° 357
		Xylopia hypolampra	n° 358
		Xylopia phloiodora	n° 359
		Xylopia quintasii	n° 360

	sandjambongo, sandjabongo (B)	*Rinorea elliotii*	n° 298
		Rinorea oblongifolia	n° 300
	sawé	*Baphia leptobotrys*	n° 31
	sébobo	*Clausena anisata*	n° 70
	sélé	*Distemonanthus benthamianus*	n° 112
	sèné	*Canarium schweinfurthii*	n° 53
		Dacryodes edulis	n° 91
	séngi	*Uapaca spp.*	n° 352
	séwa	*Khaya anthotheca*	n° 194
	shombolo, sombolo	*Penianthus longifolius*	n° 262
	siambé (1)	*Markhamia lutea*	n° 216
	sioko	*Caloncoba welwitschii*	n° 49
	solia	*Irvingia grandifolia*	n° 186
	sombolo, shombolo	*Penianthus longifolius*	n° 262
	songolibéla	*Elaeophorbia drupifera*	n° 130
	sosa (1)	*Antiaris africana*	n° 22
	sosé (B)	*Trema orientalis*	n° 341
	sosombo, musasombo	*Irvingia smithii*	n° 188
T-	**taku**	*Bridelia grandis*	n° 45
	talé, tali	*Baphia pubescens*	n° 32
	tali, talé	*Baphia pubescens*	n° 32
	tanda	*Vepris louisii*	n° 353
	tandi (1)	*Drypetes molunduana*	n° 121
	tèfé, tèpé	*Mostuea batesii*	n° 227
	tékéléké, tétéké	*Nesogordonia papaverifera*	n° 236
	tembo	*Drypetes klainei* (?) RL n° 12109	n° 120
		Drypetes paxii	n° 122
		Drypetes sp. RL 12120	n° 126
		Homalium letestui	n° 179
	temboka (1)	*Pycnocoma sp.*	n° 286
	téngé, éténgé, tingé	*Pycnanthus angolensis*	n° 285
	ténonu, énonu	*Rhodognaphalon brevicuspe*	n° 294
	tèpé, tèfé	*Mostuea batesii*	n° 227
	tétéké, tékéléké	*Nesogordonia papaverifera*	n° 236
	timi (1)	*Afzelia bipindensis*	n° 2
	tingé, éténgé, téngé	*Pycnanthus angolensis*	n° 285
	toboli (1)	*Pausinystalia johimbe*	n° 260
	toké (1)	*Rinorea ilicifolia*	n° 299
	toko	*Blighia welwitschii*	n° 39

	tokoloko (1)	*Tabernaemontana penduliflora* (?) RL n° 12108	n° 331
	tokomboli	*Chrytranthus atroviolaceus*	n° 68
	tongia	*Khaya anthotheca*	n° 194
	tongolongo (1)	*Christiana africana*	n° 67
		Vernonia conferta	n° 354
	tsumu (B)	*Ancistrocarpus densispinosus*	n° 12
	tuba	*Donella ubanguiensis*	n° 114
		Tridesmostemon omphalocarpoides	n° 349
	tubu	*Neoboutonia glabrescens* (?) RL n° 5080-5639	n° 234
W-	**wasara, wasasa**	*Pausinystalia macroceras*	n° 261
	wasasa, wasara	*Pausinystalia macroceras*	n° 261
	wungu, éwungu	*Pseudospondias microcarpa*	n° 279
Y-	**yaka** (1)	*Grossera paniculata*	n° 170
	yando	*Alchornea floribunda*	n° 8
	yangali	*Camptostylus mannii*	n° 51
	yébélo, yébolo	*Cola altissima*	n° 74
		Sterculia bequaertii	n° 314
		Sterculia subviolacea	n° 316
		Sterculia tragacantha	n° 317
	yébolo, yébélo	*Cola altissima*	n° 74
		Sterculia bequaertii	n° 314
		Sterculia subviolacea	n° 316
		Sterculia tragacantha	n° 317
	yombo (1)	*Beilschmiedia obscura*	n° 36
	yonga	*Angylocalyx vermeulenii*	n° 14
	?	*Dacryodes buettneri*	n° 90

II. LISTE DES NOMS SCIENTIFIQUES

NOTE - La phonétisation des termes mentionnés par GUIGONIS, TISSERANT (et autres auteurs éventuellement), en ngbaka-'bakanga et en isongo, a été effectuée d'après les travaux de J. THOMAS et L. BOUQUIAUX.

1) *Afrostyrax lepidophyllus* MILDBR. ; Styracacées
gimba

GUIG., *Afrostyrax lepidophyllus* et *Hua gabonii*, *diembé*[1] en lissongo.
TISS., *Hua gabonii*, *giembe* ['dìèmbē] en lissongo.
JMCT, *Hua gabonii*, [yémbé] en ngbaka-'bakanga[2].
DUCH., *Hua gabonii*, *monkenge* en dialecte mongo du district de l'Aruwimi (Mondimbi).

A noter qu'*Afrostyrax lepidophyllus* et *Hua gabonii* sont des plantes "alliacées", d'où l'identité des noms vernaculaires.

2) *Afzelia bipindensis* HARMS ; Césalpiniacées
madjagwa, **madjakba**; **bemba** (1), **timi** (1)[3]
= *A. bequaertii*[4] = *Pahudia bequaertii*.

SILL., *akgbo* en dialecte banda, voisin du gbaya (République centrafricaine).

Cet arbre, malgré son fruit et sa graine caractéristiques, est peu connu des Pygmées bibaya camerounais. A rapprocher pour *A. africana*, d'après CTFT, *katagba* (*ratagba* d'après CHEV.) en dialecte baya.

Le terme **bemba**, sans doute ici erroné, désigne surtout en pygmée bibaya *Gilbertiodendron dewevrei* (n°165) et accessoirement *Oddoniodendron micranthum* (n°240) ; il semble que ce terme, ou le terme voisin **bimba** (*cf. Anthonotha cladantha* n°20), désigne en réalité plusieurs Césalpiniacées à grands fruits, **bimba** s'appliquant le plus souvent réellement à *Lecaniodiscus cupanioides* (n°201).

---

[1] Nous attirons à nouveau l'attention du lecteur sur le fait que nous respectons la graphie des différents auteurs.

[2] JMCT = J.M.C. THOMAS, documentation complémentaire, inédite.

[3] A noter la présentation typographique : **madjagwa** (**madjakba**) est un terme qui a été rencontré à plusieurs reprises, alors que **bemba** et **timi** n'ont été relevé qu'une seule fois.

[4] L'absence volontaire des noms d'auteurs pour les synonymes ne paraît pas devoir créer de difficultés d'interprétation. Les termes mentionnés en "synonymie" indiquent que la plante en cause a été, même par erreur, citée sous ce nom dans quelque ouvrage. Il ne s'agit donc pas d'une réelle synonymie, au sens nomenclatural du terme ; nous insistons sur cette présentation dont le but est uniquement d'intérêt pratique.

3) *Albizia adianthifolia* (SCHUM.) W.F. WIGHT ; Mimosacées
saka

= *A. fastigiata* = *A. gummifera* = *A. sassa.*

A rapprocher (?) d'après GUIG., *Albizia zygia*, *mobaka* en lissongo et d'après LB, *A. adianthifolia* et *A. zygia*, mò'bàká en isongo[5] .

CHEV., *sakandi* en dialecte baya.

SILL., *sakândi* en dialecte gbaya de Berbérati (République centrafricaine).

F.C.B. A noter l'inversion *kassakassa* en divers dialectes pour plusieurs espèces d'*Albizia.*

Voir n°5 (au sujet du genre *Albizia*) et n°6.

4) *Albizia ferruginea* (GUILL. & PERR.) BENTH. ; Mimosacées
élonda, londa

= *A. angolensis* = *A. corbisieri* = *Inga ferruginea.*

5) *Albizia glaberrima* (SCHUM. & THONN.) BENTH. ; Mimosacées
bamba

= *A. glabrescens.*

GUIG., *A. zygia*, *bamba* [bàmbá] en baka-bocanga.

DUCH. Le terme *bamba*, sous diverses formes (*lamba* , *boligwamba* , *jamba*, *liamba*, *oamba*, *oumba*, *owamba*, *tshibamba-bamba*, *ebamba*, *libamba*, *ibamba*, *lebamba*, *yamba*, *wamba*, *bangba*, *mubamba ya mpata*) [6] , désigne plusieurs espèces d'*Albizia* que, d'une manière générale, les Africains confondent entre elles. Il faut noter que ces termes se rencontrent dans la province de l'Equateur, vers le Sud jusqu'aux districts du Kasai et du Sankuru, vers l'Est par l'Aruwimi jusqu'au Kivu inclus.

BOUQ., *Albizia gummifera* var. *ealaënsis*, *ebamba* en dialecte bôngili de la région de Ouesso au Congo.

6) *Albizia zygia* (DC.) J.F. MACBR. ; Mimosacées
saka (1)

= *A. brownei.*

Voir n°5 (au sujet du genre *Albizia*) et n°3.

7) *Alchornea cordifolia* MUELL. ARG. ; Euphorbiacées
po (1)

A noter que c'est seulement le terme *lèbonja*, utilisé par les Pygmées bagielli du Sud-Ouest camerounais pour désigner cette espèce, qui a des analogies fort nombreuses avec les termes utilisés en République centrafricaine (d'après GUIG., TISS., THOMAS), au Zaïre (d'après DUCH.), au Congo (d'après BOUQ.), au Cameroun (dialectes voisins du pahouin), au Gabon (d'après W. et S.). Par contre il est impossible de retrouver trace du terme **po**, peut-être véritablement pygmée bibaya mais relevé seulement une fois à ce jour.

8) *Alchornea floribunda* MUELL. ARG. ; Euphorbiacées
yando

---

5 LB = L. BOUQUIAUX, documentation inédite.

6 Ici et comme dans beaucoup de cas ci-après, plusieurs de ces formes correspondent à l'emploi de préfixes de classe.

GUIG., *A. cordifolia*, *yando* [yàndō] et *A. floribunda*, *molo yando* [mòlo.yándō] en lissongo.

DUCH., *ilondo* dans le district des Bangala et en dialectes kundu et lingala dans les districts de Kisangani et de l'Ituri, *liandu* en dialectes zande et mayogo de l'Uele, *nandu* en dialecte mangbetu de l'Uele (Nala).

Des termes voisins de *ēando*, *ilandē* se retrouvent, d'après W. et S., dans tout le Gabon.

9) *Allanblackia floribunda* OLIV. ; Clusiacées
bom, pom, pomo ; bianji (1), **bolu** (1)

Espèce très mal connue des Pygmées bibaya camerounais.

DUCH., *bompoma* désigne d'autres Clusiacées : *Garcinia kola* en dialectes lingala (véhiculaire) et mongo du district de l'Equateur (Eala), *G. ovalifolia* dans le district de l'Equateur (Moma) et en dialecte tshitetela dans le district du Sankuru (Katako-Kombe).

10) *Alstonia boonei* DE WILD. ; Apocynacées
guga
= *A. congensis* = *A. gilletii*.

GUIG., *m'bonga* [mbōngā] en dialecte baka-bocanga; *mogouga* [mògùgà] en dialecte lissongo.

CTFT., *gouka* en dialecte baya.

SILL., *lōmba*, *guka* en dialecte gbaya (République centrafricaine).

DUCH. Les quatre espèces mentionnées (sans doute en réalité identiques ou pouvant être considérées comme telles) sont désignées sous les termes *bokuka*, *okuka*, *ukuka*, *kuka*, *buga*, *akungu*, *dikungu*, *bokula*, en divers points du Zaïre : dans les districts des Bangala et du Lac Mayi Ndombe, en dialectes mongo et nongo du district de l'Aruwimi (Mondimbi), en dialectes bena-koshi et tshitetela dans les districts du Kasai et du Sankuru, enfin au Kivu.

Il faut noter que les Pahouins utilisent le terme *ēkuk*. Tous ces termes voisins se retrouvent au Gabon, d'après W. et S. De même au Congo se retrouvent des termes semblables (*okuka*, *mukuka*, *bokuka* , *kuka*, *moguga*) d'après BOUQ., vers Fort Rousset, Ouesso, Impfondo. Peut-être faut-il admettre que l'emploi très général des écorces d'*Alstonia* (quinine africaine) a favorisé l'extension d'un terme qui, sans cet usage, serait resté plus localement cantonné ? Ce raisonnement doit être valable, malheureusement pour les linguistes, dans un assez grand nombre de cas.

11) *Amphimas pterocarpoides* HARMS ; Césalpiniacées
ékéla, kéla ; kanga ; ili, iri (1)

F.C.B., *bokanga* dans les districts du Lac Mayi Ndombe (Bokoro) et de l'Equateur (Eala), *ekanga* en dialecte gombe. Pour *Amphimas ferrugineus* (= *A. klaineanus*), *bokanga* dans le district de la Lulonga (Lifake) mais à noter pour cette espèce, d'après BOUQ., *ndziri* en dialecte laali de la région de Sibiti au Congo, avec des termes voisins aux alentours.

Le terme **kanga** désigne aussi, en pygmée bibaya, *Entandrophragma candollei* (n°134) mais il s'agit en réalité ici d'une question de ton haut et de ton bas, confusion retrouvée dans le relevé de GUIG. en dialecte baka-bocanga.

Le terme **ékéla** désigne également, en pygmée bibaya, *Mildbraediodendron excelsum* (n°221) et le terme **kéla** a servi aussi à désigner *Oldfieldia africana* (n°242).

12) *Ancistrocarpus densispinosus* OLIV. ; Tiliacées
tsumu (d'après BOUQ. en région de Komono près de Sibiti).

A rapprocher d'après DUCH., pour *A. wellensii*, *lukwaku-lusotu* en dialecte kiombe du Mayumbe (Kangu).

Le terme pygmée bibaya désignant cette espèce dans le Sud-Est camerounais n'a pas encore été relevé ; les indications ci-dessus ne sont donc données qu'en vue de rapprochements ultérieurs éventuels.

13) *Angylocalyx pynaertii* DE WILD. ; Fabacées
bitongo

DUCH., *A. pynaertii*, *bolongo* et *A. oligophyllus* (= *A. ramiflorus*), *elongo* dans les districts des Bangala (Bangala) et de la Lulonga (Bokakata).

On peut noter une certaine analogie mais, d'autre part, *bolongo* désigne également, en pygmée bibaya et au Zaîre, divers *Fagara* ; l'odeur voisine des écorces d'*Angylocalyx* et de *Fagara* explique peut-être ces rapprochements.

Voir espèce suivante (n°14).

14) *Angylocalyx vermeulenii* DE WILD. ; Fabacées
yonga

Confusions parfois, pour les Pygmées bibaya, entre *A. pynaertii* et *A. vermeulenii*.

15) *Aningeria altissima* (A. CHEV.) AUBREV.& PELLEGR. ; Sapotacées
konya ; **mandongé** (1) ; **njoli**, **njuri** (1)
= *Aninguería altissima* = *Hormogyne altissima* = *H. gabonensis*
= *Pouteria altissima* = *Sideroxylon altissimum* = *S. gabonense*.

Les Pygmées bibaya, comme la plupart des prospecteurs africains, confondent entre elles diverses Sapotacées et c'est ainsi que cette espèce a parfois été dénommée **njoli** ou **njuri**, terme qui désigne habituellement *Gambeyobotrys gigantea* (n°161). D'une manière analogue, le terme **konya** a servi à désigner *Donella ubanguiensis* (n°114) et parfois *Gambeya perpulchra* (n°160). Quant au terme **mandongé** il s'applique semble-t-il parfois à *A. robusta* (n°16) mais le plus souvent à *Gambeya boukokoensis* (n°158).

16) *Aningeria robusta* (A. CHEV.) AUBREV. & PELLEGR. ; Sapotacées
mandongé, **mondongé** (1)
= *Aninguería robusta* = *Aningeria pierrei* = *Hormogyne pierrei* = *Malacantha heudelotiana* = *M. robusta* = *Pouteria aningeri* = *P. pierrei*.

DUCH. mentionne des termes voisins pour divers *Chrysophyllum* (*bolonge* pour *C. africanum* et *C. laurentii* en dialecte kundu du district de l'Equateur (Eala) ainsi qu'en dialecte nongo des districts de l'Aruwimi (Mondimbi) et de l'Equateur (Eala).

Les termes **mandongé**, **mondongé** paraissent s'appliquer le plus souvent à *Gambeya boukokoensis* (n°158), parfois à *Aningeria altissima* (n°15), mais les confusions entre Sapotacées sont fréquentes (voir note au n°15).

17) *Anonidium mannii* (OLIV.) ENGL. & DIELS ; Annonacées
mbé, **nbwé**, **ngwé** (d'après BOUQ.), **ombé**
= *Annona mannii*.

GUIG., *m'be* ['bɛ̀, *Monodora sp.*] en baka-bocanga.
LB, mòbàì en isongo.
DUCH., *abombi*, *bopombi* dans le district des Bangala, *libombi* en dialecte mayogo de l'Uele et *limbombi* en dialecte ababua de l'Uele, *bombi* au Kivu.
F.C.B., *bombaie* en dialecte tshiluba du district du Kwango, *bombi* dans la région de Kisangani, *libombi* en dialecte kingwana des districts de l'Aruwimi, de Kisangani et du Maniema.
A noter le terme pahouin *ébom*.

18) *Anopyxis klaineana* (PIERRE) ENGL. ; Rhizophoracées
boma, **éboma**
= *A. ealaensis* = *A. occidentalis* = *Macarisia klaineana* = *Pynaertia ealaensis*.

GUIG., *moboma* [mòbòmà] en lissongo.

19) *Anthocleista sp.* ; Loganiacées
banga (1)
A rapprocher (?), d'après VERGIAT, *banzakoro* en manja de la région de Bangui.

Le terme **banga** désigne habituellement, en pygmée bibaya, *Cola acuminata* (n°73).

20) *Anthonotha cladantha* (HARMS) J. LEONARD ; Césalpiniacées
bimba (1)
= *Macrolobium cladanthum*.

DUCH., *Macrolobium dewevrei "foliis trijugis"*, *avimba* en dialecte zande de l'Uele.

Le terme **bimba** paraît s'appliquer le plus souvent à *Lecaniodiscus cupanioides* (n°201). A rapprocher le terme **bemba** qui, en pygmée bibaya, a servi à désigner *Gilbertiodendron dewevrei* (n°165). *Oddoniodendron micranthum* (n°240) a aussi parfois été dénommé **bemba**, **bimba**, de même, mais sans doute par erreur, *Afzelia bipindensis* (n°2), **bemba**.

21) *Anthonotha macrophylla* (HARMS) J. LEONARD ; Césalpiniacées
fofolo
= *Macrolobium heudelotii* = *M. macrophyllum* = *M. palisotii* = *Vouapa macrophylla*

Le terme **fofolo** a aussi été utilisé, en pygmée bibaya, pour désigner *Berlinia sp.* (n°37) et *Tetrorchidium didymostemon* (n°337).

22) *Antiaris africana* ENGL. ; Moracées
sosa (1)

= *A. kerstingii* = *A. toxicaria* var. *africana*.

GUIG., *tossa* en baka-bocanga.

23) *Antidesma laciniatum* MUELL. ARG. ; Euphorbiacées
mpi (1)

24) *Antrocaryon klaineanum* PIERRE ; Anacardiacées
gongu (1)
= *A. soyauxii* = *Spondias soyauxii*.

LB, ngɔ̀ngɛ̄ en isongo.
CHEV., *ngongou* en dialecte baya.
CTFT, *gongou* en dialecte baya.
DUCH., *Antrocaryon nannanii* (= *A. brieyi*), *ngongo ngongo*, *gongo*, *mongongo*, *mugongo*, *nunkongo* en dialecte kiombé[7] du Mayumbe et *bokongo* dans le district de l'Equateur. Des termes analogues sont signalés par BOUQ. pour la région de Sibiti au Congo. Cette espèce est voisine de *A. micraster*.

A noter que *A. klaineanum* est dénommé *angongui* par les Pahouins et que les fruits de toutes ces espèces sont comestibles et très connus ; des noms voisins de *gongo*, d'après W. et S., se retrouvent partout au Gabon.

25) *Antrocaryon micraster* A. CHEV. & GUILLAUM. ; Anacardiacées
muyali

GUIG., *moyele* (?) en dialecte baya.
LB, mà̀ɲɛ̄ɲɛ̄ en isongo.

Le terme **muyali** a aussi été utilisé en pygmée bibaya pour désigner *Pterygota macrocarpa* (n°284).

26) *Aptandra zenkeri* ENGL. ; Olacacées
busolo (1)

LB, nzɔ̄lɔ̄.mbāngī en isongo.

Cet arbuste, peu fréquent, a été désigné par le même terme que *Ongokea gore* (n°245), autre Olacacée mais à port et à fruit bien différents.

27) *Aubrevillea kerstingii* (HARMS) PELLEGR. ; Mimosacées
ndembé (1)

Le terme **ndembé** désigne normalement divers *Parkia* (n°257 et 258), autres Mimosacées à port analogue, plus fréquents qu'*Aubrevillea kerstingii* dans la zone des Pygmées bibaya camerounais.

28) *Autranella congolensis* (DE WILD.) A. CHEV. ; Sapotacées
kolo
= *A. letestui* = *Mimusops boonei* = *M. congolensis* = *M. ebolowensis* = *M. letestui*.

CTFT, *banga-koalo* en dialecte baya.

---

[7] Ou "yombé", le préfixe ki- étant superflu, tout comme d'autres préfixes, pour désigner divers dialectes.

BOUQ., *ekolo* dans la région de la Sangha au Sud de Ouesso, au Congo.

DUCH., *nokolo*, *nokoro*, *nokoto* en dialecte kibali du district de Kisangani.

A noter que des termes voisins (?) de *kulungu* se retrouvent au Mayumbe, au Kasai, au Sankuru, au Maniema, au Kivu, mais il s'agit de rapprochements phonétiques incertains.

A rapprocher, d'après CTFT., *konolo* [kōnōlō] en lissongo pour une autre Sapotacée, *Afrosersalisia cerasifera*.

29) *Baillonella toxisperma* PIERRE ; Sapotacées
mabi

= *B. djave* = *B. obovata* = *B. pierreana* = *Mimusops djave* = *M. obovata* = *M. pierreana* = *M. toxisperma*.

DUCH., *muabi*, *moabi* en dialecte kiombé du Mayumbe zaïrois, et d'après BOUQ., termes analogues pour le Mayombe congolais et régions voisines ; de tels noms se rencontrent au Gabon d'après W. et S. Cet arbre n'existe pas semble-t-il dans la cuvette congolaise mais est fréquent dans le Sud-Est camerounais où les Pygmées bibaya le connaissent bien sous la dénomination de **mabi**. Cet emploi résulte-t-il d'un emprunt à d'autres langues ? Les Pahouins le nomment *adjap* mais on peut admettre des connexions linguistiques entre Sud-Est camerounais, Gabon et Mayumbe.

30) *Balanites wilsoniana* DAWE & SPRAGUE ; Balanitacées
biwala, mbiwala

= *B. mayumbensis* = *B. tieghemii* = *Neotieghemia gummifera*.

31) *Baphia leptobotrys* HARMS ; Fabacées
sawé

= *B. silvatica*.

32) *Baphia pubescens* HOOK. f. ; Fabacées
talé, tali ; **buluba** (1)

= *B. solheidii*.

DUCH., *bala*, *mubala* en dialectes lingala et kiswahili (véhiculaires), bena-koshi du district du Sankuru (Bukaka-Kabote).

33) *Baphia sp.* ; Fabacées
binjo (1)

34) *Barteria fistulosa* MAST. ; Passifloracées
fambo, pambo

GUIG., *B. nigritiana*, *pambo* [pàmbò] en baka-bocanga.

A rapprocher, d'après GUIG. et CHEV., *gombo* [gòmbō] en lissongo ; de même *okokombo* en divers dialectes de la région de Fort Rousset au Congo, d'après BOUQ.

35) *Beilschmiedia fulva* ROB. & WILCZ. et *B. louisii* ROB. & WILCZ. ; Fabacées

mébakoso (1)

Voir espèce suivante (n°36).

36) *Beilschmiedia obscura* (STAPF) FOUILLOY ; Lauracées

mébakoso, mobakoso ; yombo (1)

= *B. conferta* = *B. gaboonensis* = *Oreodaphne gaboonensis* = *Tylostemon confertus* = *T. gaboonensis* = *T. obscurus*.

Il est curieux de noter qu'au cours de nos prospections le terme **mébakoso, mobakoso** paraissait désigner d'une manière très fréquente une espèce de *Beilschmiedia* (ou peut-être plusieurs espèces voisines parmi les nombreuses espèces – et trop nombreuses espèces – plus ou moins valablement décrites). Brusquement est apparu, une seule fois, le terme **yombo** pour une de ces mêmes espèces. Peut-être s'agissait-il d'une espèce différente, distinguée par les Pygmées bibaya, mais à première vue tel n'était pas le cas. Ce terme, sous la forme *djombo*, désigne – d'après F.C.B. – *B. mannii* dans le district des Bangala (Likimi).

Nous pouvons rappeler ici que H. KOCH considère qu'il y a deux vagues pygmées dans le Sud-Est camerounais ; s'agirait-il de ce problème dans le cas du *Beilschmiedia* ci-dessus ? L'hypothèse n'est pas à exclure (voir aussi *Vepris louisii*, n°353).

Voir espèce précédente (n°35).

37) *Berlinia sp.* ; Césalpiniacées

fofolo (1)

LB, *B. craibiana*, èlàfà en isongo.

A rapprocher (?), d'après W. et S. pour *Berlinia grandiflora*, *obolo* en dialectes nkomi et orungu du Gabon, et termes voisins.

Le terme **fofolo** a aussi été utilisé, en pygmée bibaya, pour désigner *Anthonotha macrophylla* (n°21) et *Tetrorchidium didymostemon* (n°337).

38) *Berlinia sp.* ; Césalpiniacées

makamba (1)

39) *Blighia welwitschii* (HIERN) RADLK. ; Sapindacées

toko

= *B. laurentii* = *B. mildbraedii* = *B. sapida* = *B. wildemaniana* = *Phialodiscus mortehani* = *P. plurijugatus* = *P. welwitschii*.

GUIG., *toko* [tòkó] (*B. welwitschii* et *B. unijugata*) en lissongo ; *Phialodiscus* (?) *sp.*, *toko* en baka-bocanga ; *Lecaniodiscus cupanioides*, *toukoulou* en lissongo ; *Deinbollia pinnata* et *Ericoelum kerstingii*, *molo toko* [mòlő.tókó] en lissongo.

DUCH. (et F.C.B.) *boloko*, *oloko* en dialecte turumbu de la région de Kisangani ; *botoko* en dialecte lokundu (= kundu) du district de l'Equateur ; *bako* au Kwilu.

A rapprocher, d'après BOUQ., *mokoto* en dialecte bondjo de la région d'Impfondo au Congo pour *B. unijugata*, en notant l'inversion de syllabes.

A noter que, pour tous les prospecteurs africains, les confusions entre diverses Sapindacées sont fréquentes. De ce fait peuvent ainsi être relevés les termes: *kokole* pour *B. welwitschii* dans la région de la Semliki au Kivu ; *itoka*, *kokolio* pour *B. sapida* au Kivu ; *oloko* pour *B. unijugata* en dialecte turumbu dans la région de Kisangani ; *otoko*, *otokolo* pour plusieurs *Chytranthus* (*C. carneus*, *C. macrobotrys*, *C. mortehani*, *C. setosus*, *C. stenophyllus*) et *Radlkofera calodendron*, également en dialecte turumbu de la région de Kisangani, *mutoko* pour *Haplocoelum acuminatum* en dialecte (véhiculaire) lingala de l'Equateur ; *elokoloko* pour *Eriocoelum microspermum*, *Haplocoelum congolanum* , *Laccodiscus pseudostipularis*, *Lecaniodiscus cupanioides* ... toujours en dialecte turumbu.

40) *Bombax buonopozense* P. BEAUV. ; Bombacacées
dombi, ndombi
= *B. angulicarpum* = *B. buesgenii* = *B. flammeum* = *Gossampinus spp.*

41) *Bosqueia angolensis* FICALHO ; Moracées
fongi, pongi
= *B. phoberos* = *B. welwitschii*.

GUIG., *poungui* [póngì] en baka-bocanga ; *pongui* [fōngí] en lissongo.

TISS., *pungui*, *ƒungi* [fōngí] en lissongo.

CHEV., *ƒungi* [fōngí] en lissongo.

DUCH., *boƒonge*, *boƒunge* en dialecte mongo du district de la Lulonga et en dialecte (véhiculaire) lingala de l'Equateur.

BOUQ., *pongui* en dialecte (véhiculaire) songo au Congo.

42) *Brachystegia sp.* (?) RL n° 11699 ; Césalpiniacées
pokolo na balé (1)

Signification : **pokolo** (Voir *Isomacrolobium isopetalum* n°192) "du fleuve" ; l'échantillon stérile RL n° 11699 appartient plus vraisemblablement au genre *Isomacrolobium* qu'au genre *Brachystegia*.

43) *Brenania brieyi* (DE WILD.) PETIT ; Rubiacées
molonjo, molunju
= *B. spathulifolia* = *Anthocleista brieyi* = *Gardenia voacangoides* = *Randia spathulifolia* = *R. walkeri*.

GUIG., *molo n'djio*, *molondjo*, *molonzo* [mòlő.nzò] en lissongo.

DUCH., *Randia acarophyta*, *bonkenju* dans la région de l'Uele (Mossole) ; *R. acuminata* (= *Massularia acuminata*), *bondju* dans le district de l'Equateur (Lukolela).

BOUQ., *mulondjo* en dialecte bôngili de la région de Ouesso au Congo.

44) *Breviea leptosperma* (BAEHNI) HEINE ; Sapotacées
koloka ; ménjanjomo (1)
= *B. sericea* = *Chrysophyllum leptospermum* = *C. sericeum* = *Pouteria leptosperma*.

GUIG., *koloma* [kōlōmā] en lissongo.

A noter, d'après DUCH., pour *Pachystela longistyla* (= *Sideroxylon longistylum*), *bokolotu* dans le district de l'Equateur ; pour *Gambeya*

(*Chrysophyllum*) *africana*, *likoliko* dans le district de l'Aruwimi ... toutes les Sapotacées étant souvent difficilement distinguées entre elles par les prospecteurs africains.

Le terme **koloka** désigne également, en pygmée bibaya, *Gambeya* (*Chrysophyllum*) *perpulchra* (n°160).

45) *Bridelia grandis* PIERRE ex HUTCH. ; Euphorbiacées
taku
= *B. aubrevillei*.

GUIG., *Bridelia sp.*, *tako* en baka-bocanga. Les termes *takou* [tàkū, *B. grandis*, LB], *takoumeko* désigneraient également, d'après cet auteur, en lissongo, une espèce de *Macaranga*, autre genre d'Euphorbiacées parfois confondu avec *Bridelia* par des prospecteurs.

A noter, d'après DUCH., *botaka*, *mondjako* pour *B. atroviridis* dans le district des Bangala, *mutako* pour *B. brideliifolia* dans le district du Kivu (Kitembo), *taku* pour *B. micrantha* en dialecte gombe dans le district des Bangala.

Le terme **tako, taku** sous différentes formes (*botaku*, *butako*, *djaku*, *mutaku*, *muntaku*, *mutako*, *osaku*, *uhutako*, *usaku*...) est mentionné à plusieurs reprises dans F.C.B. pour désigner des *Bridelia* (*B. atroviridis*, *B. brideliifolia* et *subsp. pubescentifolia*, *B. micrantha*, *B. ndellensis*, *B. stenocarpa*...), en diverses localités (Dundusana, Likimi, Bangala), en divers dialectes (kihunde de l'Ituri, kikumu du Kivu, kindande, kinianza, kiswahili (véhiculaire), kitembo du Kivu, mambati, turumbu...). La localisation de ces dialectes reste difficile, la "Flore du Congo belge" n'utilisant pas les mêmes dénominations que le travail de VAN BULCK publié dans l'Atlas général du Congo belge. Il semble que ces termes se retrouvent donc du district des Bangala, par le district de Kisangani jusqu'aux districts de l'Ituri, du Kivu, du Maniema.

D'après BOUQ. pour le Congo, le terme *taku* se retrouve en dialecte bôngili de la région de Ouesso pour *B. ripicola* mais peut-être aussi, pour cette même espèce, sous les formes *kekutuku* en dialecte yaa de la région de Sibiti et *itakada* en dialecte tsaangi de la région de Mossendjo, peut-être aussi avec inversion de syllabes – sous la forme *mukuta* en dialecte tié à l'Est de Sibiti, et termes voisins dérivés de *koto*, *kuti*, *kutu*... en divers autres dialectes congolais.

46) *Buchholzia sp.* RL n° 12075 ; Capparacées
ngondo (1)

A rapprocher (?), d'après W. et S. pour le Gabon, *nyɔ́ndɔ́* en dialectes apindji, mitsogo, simba et *nyɔ́ndɔ́-ndjina* en dialectes mpongwé, galoa, nkomi, orungu.

47) *Buchnerodendron speciosum* GÜRKE ; Flacourtiacées
bagolo

Le terme **bagolo** s'applique aussi, en pygmée bibaya, à *Lindackeria dentata* (n°204), également à large feuille et fruit épineux, mais a aussi été employé pour désigner *Caloncoba glauca* (n°48) à feuille étroite et fruit lisse, alors que *Caloncoba welwitschii* (n°49), à large feuille et fruit épineux, porte le nom de **sioko**, toutes ces espèces appartenant à la famille des Flacourtiacées.

48) *Caloncoba glauca* (P. BEAUV.) GILG ; Flacourtiacées
bagolo (1)
= *C. dusenii* = *Oncoba glauca* = *Ventenatia glauca*.

GUIG., *Caloncoba welwitschii*, *dolo* [dɔ̀lɔ̀] en lissongo.
CTFT, *C. welwitschii*, *begolo* en dialecte baya.

A rapprocher (?), d'après W. et S., *mokolo-kolo* , *mokokolo* en dialecte apindji (groupe okandé-bantou) du Gabon.

Le terme **bagolo** a également été utilisé, en pygmée bibaya, pour désigner *Buchnerodendron speciosum* (Voir note au n°47) et *Lindackeria dentata* (n°204).

49) *Caloncoba welwitschii* (OLIV.) GILG ; Flacourtiacées
sioko
JMCT, *Lindackeria dentata*, autre Flacourtiacée à fruit épineux, sḭ́ɔ̰kɔ̰, mɔ́kɔ̄. sḭ́ɔ̰kɔ̰ en ngbaka-'bàkanga.
DUCH., *shoko*, *soko* dans les districts des Bangala et de l'Ubangui.
BOUQ., *otshiaka* en mbôsi, *ososi* en kôyô et *oshaka* en akwa, dialectes de la région de Fort Rousset au Congo.

A rapprocher (?), d'après GUIG., *boko* en baka-bocanga.

50) *Calpocalyx dinklagei* HARMS ; Mimosacées
pandako

51) *Camptostylus mannii* OLIV. ; Flacourtiacées
yangali
= *Caloncoba mannii* = *Oncoba mannii*.

52) *Campylospermum elongatum* (OLIV.) VAN TIEGH. ; Ochnacées
bangala, linjala, njala, panjala.
= *Gomphia elongata* = *Ouratea elongata*.

GUIG., *Ochna membranacea* , *molon'gbangouala* [mòlő. ngbāngő. wǎlǎ] en lissongo ; *Ouratea coriacea*, *ngbangouala* [ngbāngő. wǎlǎ] en lissongo.
DUCH., *Ouratea coriacea*, *bonpandja* en dialecte (véhiculaire) lingala du district de Kisangani (Yangambi).
F.C.B., *bengia* en dialecte zandé de l'Uele.

53) *Canarium schweinfurthii* ENGL. ; Burséracées
sèné
= *C. chevalieri* = *C. occidentale* = *C. thollonicum* = *C. velutinum*.

Le terme **sèné** désigne également, en pygmée bibaya, une autre Burséracée dont l'écorce a une odeur très similaire, *Dacryodes edulis* (n°91). D'après DUCH., ces deux espèces sont également confondues en d'autres régions (en particulier sous des termes voisins de *safu* et autres au Mayumbe et ailleurs).

54) *Carapa procera* DC. ; Méliacées
godjo, ngodjo
= *C. guineensis* = *C. gummifera* = *C. microcarpa* = *C. parviflora* = *C. touloucouna* = *C. velutina*.

CTFT, *C. grandiflora*, *n'goyo* et *C. procera*, *n'goyoli* en dialecte baya.

CHEV., *ngoyo* en dialecte baya.
BOUQ., *ngodjo* en dialecte bôngili et *gozau* en dialecte bekwil de la région de Ouesso au Congo.

A noter, d'après DUCH., quelques analogies possibles : *goso*, *o-gonso* en dialecte libati du district du Bas-Uele ; *bokoloso* en dialecte turumbu du district de Kisangani (Yangambi) ; *okoto* (d'après F.C.B.) en dialecte basonge (peut-être dialecte songye du district du Lomami ?).

Le terme **godjo**, en pygmée bibaya, a également servi à désigner *Spondianthus preussii* (n°311) ainsi que *Trichoscypha patens* (n°347).

55) *Carpolobia sp.* ; Polygalacées
monono (1)
DUCH., *C. alba*, *manoni* dans le district des Bangala.

56) *Cassia mannii* OLIV. ; Césalpiniacées
élékwo, éluku

GUIG., *m'boko* [mbɔ̀kɔ̄], *molo m'buku* en lissongo.

Swartzia fistuloides est également désigné par les mêmes termes en pygmée bibaya, ce qui s'explique facilement par l'analogie des fruits de ces deux espèces (n°325).

Le terme voisin **éléko**, en pygmée bibaya, a également servi à désigner *Fillaeopsis discophora* (n°154).

57) *Cathormion altissimum* (HOOK. f.) HUTCH. & DANDY ; Mimosacées
pékési (1)

58) *Ceiba pentandra* (LINN.) GAERTN. ; Bombacacées
kulo, kulu
= *C. guineensis* = *C. thonningii* = *Bombax pentandrum* = *Eriodendron anfractuosum*

DUCH., *bugulu* en dialecte ngbandi du district de l'Ubangi.

59) *Celtis adolfi-friderici* ENGL. ; Ulmacées
kakala
= *C. ituriensis* = *C. fragifera*.

GUIG., *kakalaka* en baka-bocanga.

A rapprocher de **kékélé** qui, en pygmée bibaya, désigne *Celtis tessmannii* (n°62).

60) *Celtis mildbraedii* ENGL. ; Ulmacées
gombé, ngombé
= *C. bequaertii* = *C. compressa* = *C. dubia* = *C. soyauxii*.

GUIG., *gombé* [ngōmbē] en lissongo.

Pas de distinction avec *C. zenkeri* (n°63).

A noter que le terme **gombo** en pygmée bagielli du Sud-Ouest camerounais désigne *Celtis tessmannii*.

61) *Celtis philippensis* BLANCO ; Ulmacées
bègé, bwégé
= *C. brownii* = *C. crenata* = *C. philippensis* = *C. prantlii* = *C. rendleana* = *C. scotellioides*.

GUIG., *m'bingue* en baka-bocanga.
CTFT, *g'bēkē* en dialecte baya.

62) *Celtis tessmannii* RENDLE ; Ulmacées
kékélé
= *C. brieyi*.

GUIG., *mon dzekeke*, *monzēkēkē* [mònzɛ̄kɛ̄kɛ̄] et [mònzɛ̀kɛ̀, LB] en lissongo.

CTFT., *C. adolfi-frederici*, *monzēkē* en lissongo.

A rapprocher de **kakala** qui, en pygmée bibaya, désigne *Celtis adolfi-friderici* (n°59).

63) *Celtis zenkeri* ENGL. ; Ulmacées
gombé, kongombé, ngombé
= *C. affinis* = *C. soyauxii*.
GUIG., *goumbe* [ngómbé] en baka-bocanga.
LB, 'bòndá, 'bòndá-mū-ngōmbē, 'bònda.tólì en isongo.

Pas de distinction avec *C. mildbraedii* (n°60).

A noter que le terme *gombo* en pygmée bagielli du Sud-Ouest camerounais désigne *Celtis tessmannii*.

Peut-être peut-on faire un rapprochement entre **ngombé** et **ngolombé**, ce dernier terme désignant en pygmée bibaya, *Schrebera arborea* (n°305), arbre dont l'aspect extérieur de l'écorce n'est pas sans quelque analogie avec celui de *Celtis zenkeri*.

64) *Cephaëlis mannii* (HOOK. f.) HIERN ; Rubiacées
ndengé (1)

Le terme **ndengé** désigne normalement, en pygmée bibaya, *Phoenix reclinata* (n°267), sous réserve d'une correcte notation phonétique.

A rapprocher cependant, d'après BOUQ., *ndingiri* en dialecte (véhiculaire) songo au Congo pour *C. peduncularis*. De même, d'après DUCH., *dendele* et termes voisins désignent diverses espèces d'*Uragoga* (= *Cephaëlis*), surtout de la province de l'Equateur, au Zaïre.

65) *Chaetacme aristata* PLANCH. ; Ulmacées
kanja (1)

Le terme **kanja** a aussi été utilisé, en pygmée bibaya, pour désigner *Citropsis articulata* (n°69) ainsi que *Dichrostachys cinerea* (n°100).

66) *Chlorophora excelsa* (WELW.) BENTH. ; Moracées
bandi, bangi
= *C. alba* = *Antiaris kerstingii* = *Morus excelsa*.

GUIG., *bangui* ['bàngí] en baka-bocanga.
TISS., *bangi*, *mbangi* en dialecte (véhiculaire) sango (République centrafricaine, entre Mobaye et Bangassou).

CTFT et CHEV., *bangui* en dialectes baya et sango (véhiculaire).
SILL., *bãngi*, *mbãngi* en sango (véhiculaire) et gbaya de Berbérati (République centrafricaine) ; *mbang* en dialecte mbimou (au Sud-Ouest de Berbérati).
DUCH., *bangi* dans le district des Bangala.

A noter le terme pahouin *abang* ainsi que, d'après BOUQ., *nbengi* en dialectes nzabi et mbaamba de la région Sibiti-Mossendjo au Congo ainsi que, d'après W. et S., des termes voisins de *mbangi*, *mandji* pour plusieurs dialectes bantous du Gabon.

67) *Christiana africana* DC. ; Tiliacées
tongolongo (1)

Le terme **tongolongo** a aussi été utilisé, en pygmée bibaya, pour désigner *Vernonia conferta* (n°354).

68) *Chytranthus atroviolaceus* BAK. f. ex HUTCH. & DALZ. ; Sapindacées
tokomboli
= *C. macrophyllus* var. *obanensis*.

F.C.B., *otoko*, *otokolo* en dialecte turumbu de la région de Kisangani pour divers *Chytranthus*.
BOUQ., *motoloko*, *goshomoko* en dialecte bôngili de la région de Ouesso au Congo.

A noter les analogies avec *Blighia welwitschii* et voir note concernant cette espèce (n°39) et les Sapindacées en général.

69) *Citropsis articulata* (WILLD. ex SPRENG.) SWINGLE ex KELLERMAN ; Rutacées
kanja (1)

Le terme **kanja** a aussi été utilisé, en pygmée bibaya, pour désigner *Chaetacme aristata* (n°65) ainsi que *Dichrostachys cinerea* (n°100).

70) *Clausena anisata* (WILLD.) HOOK. f. ex BENTH. ; Rutacées
sébobo (1)
= *C. abyssinica* = *C. bergeyckiana* = *C. pobeguini* = *Amyris anisata* = *Fagarastrum anisatum*.

A rapprocher, d'après SILL., *sobélé* en dialecte gbaya de Berbérati (République centrafricaine).

71) *Cleistopholis patens* (BENTH.) ENGL. & DIELS ; Annonacées
kiyo ; **pio** (d'après BOUQ.) en région de Ouesso ;
mukuyu (d'après BOUQ.) en région de Komono près Sibiti
= *C. klaineana* = *C. pynaerti* = *C. verschuereni* = *Oxymitra patens*.

GUIG., *kole* [kɔ̄lɛ́] en lissongo.
DUCH., *ijole* en dialecte mongo du district de la Lulonga ; *yankole* en dialecte basengo-meno du district du Sankuru ; *kole kole* en dialecte kisolongo au Mayumbe.
BOUQ., *dyole* en dialecte bôngili de la région de Ouesso au Congo.

Le terme **kiyo**, en pygmée bibaya, est à rapprocher du terme **mukuyu** ci-dessus pour le Congo méridional et aussi de **bikiyo** ayant servi à désigner *Isolona zenkeri* (?) RL n° 10419 (n°191).

72) *Coelocaryon preussii* WARB. ; Myristicacées
bambayoko ; nokoténgé
= *C. klainei.*

A noter le terme pahouin *nom ẽteng.*

73) *Cola acuminata* (P. BEAUV.) SCHOTT & ENDL. ; Sterculiacées
banga ; ligo, lügo (1)
= *C. astrophora* = *C. ledermannii* = *C. pseudoacuminata* = *Sterculia acuminata.*

GUIG., *liko* [lìkɔ́] en dialecte baka-bocanga, *mako* [màkō] en lissongo.
CTFT, *banga* en dialecte baya.
DUCH., *ligo*, *lugo* en dialecte mayogo de l'Uele.
F.C.B., *bobangy* en dialecte babua (= ababua) de l'Uele, *ligo* en dialecte mayogo de l'Uele, *liko* en dialecte kikusu du district du Maniema.
BOUQ., *mubanga* en dialecte punu de la région de Mossendjo au Congo.

La nomenclature des *Cola* n'est pas toujours très nette et des confusions sont possibles pour les espèces de ce genre. On relève ainsi :
GUIG., *C. attiensis*, *liko n'gou* [lìkɔ́.ngó] en baka-bocanga ; *C. ballayi*, *mako* [màkō] et [mòlɔ̋.ndīmā, LB] en lissongo ; *C. verticillata*, *makomeko* [màkō.mèkō] en lissongo.
CTFT, *C. attiensis* et *C. verticillata*, *bangali* en dialecte baya.
TISS., *C. spp.*, *liko*, *likwo* en dialecte banda, *mako* en mbwaka, sango véhiculaire (entre Mobaye et Bangassou en République centrafricaine) et lissongo.
BOUQ., *C. gabonensis*, *mugangaye* en dialecte bondjo au Nord d'Impfondo au Congo, *ngaye* en dialecte ényélé de la même région, *ngangaye*, *mugaye* en dialecte (véhiculaire) songo.
D'après W. et S., pour *C. nitida* voisin de *C. acuminata*, nombreux termes gabonais proches de **banga**.

Il s'agit ci-dessus de *Cola* à noix comestibles faisant l'objet d'un commerce important, la généralisation d'un nom peut donc aisément s'expliquer.

74) *Cola altissima* ENGL. ; Sterculiacées
ligo, lügo ; yébolo (1)

Voir *C. acuminata* ci-dessus (n°73) au sujet du genre *Cola.*

JMCT, bɔ́lō en ngbaka-'bakanga.

A rapprocher, d'après BOUQ., *C. acuminata*, *bobelo* en dialecte bôngili de la région de Ouesso au Congo.

Le terme **yébolo**, en pygmée bibaya, désigne en général d'autres Sterculiacées : *Sterculia bequaertii* (n°314), *S. tragacantha* (n°317), *S. subviolacea* (n°316).

75) *Cola gigantea* A. CHEV. ; Sterculiacées
mbolé
= *C. cordifolia.*

CTFT, *g'bokogolẽ* en dialecte baya.
F.C.B., *gbolo* en dialecte babua (= ababua) de l'Uele.

Le terme **mboli**, utilisé pour désigner *Sterculia tragacantha* (n°317), en pygmée bibaya, peut évidemment être rapproché de **mbolé**. On notera aussi les interférences entre *Cola* (cf. n°74 et 75) et *Sterculia* (cf. n° 314, 316 et 317) par l'intermédiaire des termes **yébolo, mbolé**, *gbo-lo* et analogues.

76) *Cola lateritia* K. SCHUM. ; Sterculiacées
fofoko
= *C. rhodoxantha* = *C. sereti* = *Sterculia derumieri*.

Voir *C. acuminata* ci-dessus (n°73) au sujet du genre *Cola*.

GUIG., *mopoko* [mòfōkó] en lissongo.
CTFT, *g'boko* en dialecte baya.
DUCH., *likoko* dans le district des Bangala (Likimi).
F.C.B., *kokoloko* en dialecte zande de l'Uele, *bokobo* dans le district des Bangala (Yambata), *boƒoƒoko* dans le district de l'Equateur, *elokoboko* en dialecte kibali du district de Kisangani.

D'après F.C.B., *C. gigantea*, *poko* en dialecte ngwaka du district de l'Ubangi, *kokoloko* en dialecte zande de l'Uele, *ipoko* en dialecte (véhiculaire) lingala.

D'après SILL., *C. cordifolia* ou *C. gigantea*, *moƒoko* [mòfōkó] en lissongo.

D'une manière générale, beaucoup de *Cola* et de *Sterculia* à feuilles largement ovales sont, par les pahouins, dénommés *ēƒok*.

Le terme **popoko** utilisé pour désigner *Sterculia tragacantha* (n°317), en pygmée bibaya, peut évidemment être rapproché de **fofoko**.

77) *Cola rostrata* K. SCHUM. ; Sterculiacées
méko

Voir *C. acuminata* ci-dessus (n°73) au sujet du genre *Cola*.

GUIG., *C. acuminata* et *C. ballayi*, *mako* [màkō] en lissongo ; *C. verticillata*, *makomeko* [màkō.mèkō] en même langue.
TISS., *C. verticillata*, *mako* en mbwaka , sango (véhiculaire) et lissongo.

78) *Cola urceolata* K. SCHUM. ; Sterculiacées
ngayakoko (1)

A rapprocher des termes signalés au n°76.

79) *Combretodendron macrocarpum* (P. BEAUV.) KEAY ; Lecythidacées, devenue récemment *Petersianthus macrocarpus* (P. BEAUV.) LIBEN
boso ; **mudjamba** (d'après BOUQ.)
= *C. africanum* = *C. viridiflorum* = *Petersia africana* = *P. viridiflora* = *Petersianthus africanus*.

JMCT, bínzó en ngbaka-'bakanga.
GUIG., *mossoba* [mòsō'bá] en lissongo.
CTFT, *bossē* en dialecte baya.
CHEV., *mbossē* en dialecte baya.
DUCH., *bomposo*, *momposo*, *monposo* en dialecte kundu et mongo des districts de la Lulonga et de l'Equateur, *bosho* en dialecte nongo du district de l'Aruwimi (Mondimbi), *mosho*, *musow* au Kivu.
D'après W. et S., *mbiso* en dialecte bakota du Gabon.

Le terme **mudjamba** signalé par BOUQ. pour les Babingas (sans précision : du Nord ou du Sud du Congo ?) est à rapprocher (?) de nombreux autres termes (*mindzu*, *mumbizu*, *bindza*, ...) du Congo d'après ce même auteur, et de nombreux autres termes (*mbindji*, *abing*, *mvinzu*, etc.) utilisés au Gabon d'après W. et S.

80) *Copaifera mildbraedii* HARMS ; Césalpiniacées
mondumba

81) *Cordia platythyrsa* BAK. ; Boraginacées
mbabi

= *C. irvingii*.

GUIG., *C. longipes* (?), *gbabe* [ngbà'bè] en lissongo.
CTFT, *babé* [ngbà'bè] en lissongo.
CHEV., *C. macrothyrsa*, *mabé* en lissongo.
DUCH., *C. abyssinica*, *mbobi* en dialecte mayogo de l'Uele.

82) *Corynanthe pachyceras* K. SCHUM. ; Rubiacées
moka

= *C. paniculata* = *Pausinystalia pachyceras* = *Pseudocinchona africana* = *Pseudocinchona pachyceras*.

83) *Coula edulis* BAILL. ; Olacacées
mengom, menkwom

A noter le terme pahouin *éwomé* utilisé au Cameroun et au Gabon. L'aire de cette espèce n'atteint, au Cameroun, la zone d'habitat des Pygmées bibaya que dans la région située au Nord de Souanké où le terme **mengom, menkwom** a été relevé. L'espèce est inconnue au Congo (sauf Mayombe), en République centrafricaine et au Zaïre (sauf Bas-Congo).

84) *Croton haumanianus* J. LEONARD ; Euphorbiacées
dengo (d'après BOUQ.)

La présence de cette espèce au Cameroun n'a pas été reconnue mais celle-ci peut être confondue avec d'autres espèces de *Croton*).

Voir n°85.

85) *Croton oligandrus* PIERRE ex HUTCH. ; Euphorbiacées
ndéṅgo

Voir n°84.

86) *Crudia gabonensis* PIERRE ex HARMS ; Césalpiniacées
mulanda (1)

87) *Cussonia sp.* RL n° 5586 ; Araliacées
ékwa (1)

88) *Cylicodiscus gabonensis* HARMS ; Mimosacées
boluma

= *Cyrtoxiphus staudtii*.

Cette espèce ne paraît pas exister dans le bassin congolais. Nous pouvons retrouver, comme pour quelques autres espèces dans des cas semblables, des connexions avec des noms gabonais, *aduma* ou voisins par exemple (PELLEGRIN), tout en notant que le terme pahouin pour cette espèce est *adum*.

89) *Cylicomorpha solmsii* (URB.) URB. ; Caricacées
ngongomu (1)

90) *Dacryodes buettneri* (ENGL.) HARMS ; Burséracées
?

= *Canarium buettneri* = *Pachylobus buettneri* = *P. ozigo*.

La portion orientale de l'aire de cette espèce, au Cameroun, n'empiète que fort peu sur la zone d'habitat des Pygmées bibaya car elle se localise là au Sud de Djoum et au voisinage du carrefour des frontières du Cameroun, du Gabon et du Congo.

91) *Dacryodes edulis* (G. DON) H.J. LAM ; Burséracées
sènè

= *Canarium saphu* = *Pachylobus edulis* = *P. saphu* = *Sorindeia deliciosa*.

Le terme **sènè** désigne également, en pygmée bibaya, une autre Burséracée dont l'écorce a une odeur très similaire, *Canarium schweinfurthii* (n°53). D'après DUCH. ces deux espèces sont également confondues en d'autres régions (en particulier sous des termes voisins de *safu* et autres au Mayumbe et ailleurs) ; par contre d'après JMCT, sáfó ou sáfú en ngbaka-'bakanga pour *Dacryodes edulis* et autre terme pour *Canarium schweinfurthii*.

92) *Desbordesia glaucescens* (ENGL.) VAN TIEGH. ; Irvingiacées
méléa

= *D. oblonga* = *D. pallida* = *D. pierreana* = *D. soyauxii* = *Irvingia glaucescens* = *I. oblonga*.

Espèce dénommée *oléa* en dialectes djem et badjué de la région d'Abong Mbang au Cameroun, voisins du dialecte maka, mais où elle est dénommée *lé*, *lwa*.

93) *Desplatsia mildbraedii* BURRET ; Tiliacées
liamba

A rapprocher, d'après SILL., *lǎmba pohio* pour *Grewia mollis*, en dialecte nzakara-zande du Haut-Mbomou.

D'après BOUQ., pour *D. dewevrei*, *djamba djoko*, *yayamba* en dialecte bôngili de la région de Ouesso au Congo.

D'après DUCH., *bolimba*, *belemba*, *bokambola* , *mokemba*, *okamba* et termes voisins désignent *D. dewevrei* et *D. subericarpa* dans les districts de l'Ubangi, des Bangala et de l'Equateur. Des termes analogues se retrouvent pour d'autres Tiliacées (*Glyphaea lateriflora*, *Grewia claessensi*, *Ledermannia chrysochlamys*) dans les mêmes districts.

D'après F.C.B., des termes voisins de *likamba* désignent divers *Grewia* en dialecte turumbu, alors que *bokamba* s'applique à *Desplatsia mildbraedii* en dialecte babua (= ababua) de l'Uele et que des termes analogues à *okamba*, *bolimba*, *demba*, *likamba*... sont utilisés pour désigner *D. chrysochlamys*, *D. dewevrei*, *D. subericarpa* en plusieurs dialectes (babua (= ababua), gombe, kimanga, lokundu (= kundu), pama, tshitetela, turumbu, zande).

94) *Detarium macrocarpum* HARMS ; Césalpiniacées
mbiri

CTFT, *D. macrocarpum* et *D. senegalense*, *bilikpessé* en dialecte baya.

95) *Dialium dinklagei* HARMS ; Césalpiniacées
kombé, mukombé

Diverses espèces de *Dialium*, parfois difficilement discernables pour les prospecteurs africains et pour les taxonomistes, portent le même nom **kombé, mukombé** en pygmée bibaya (voir n°96).

Le terme **kombé** est aussi utilisé, en pygmée bibaya, pour désigner *Schrebera arborea* (n°305), sous réserve d'une correcte notation phonétique.

96) *Dialium excelsum* LOUIS ex STEYAERT ; Césalpiniacées
mukombé (1)

Voir n°95.

A rapprocher (?), d'après F.C.B., *okereme* dans la région de Kisangani.

97) *Dialium guineense* WILLD. ; Césalpiniacées
mbaso

Diverses espèces de *Dialium*, parfois difficilement discernables pour les prospecteurs africains et pour les taxonomistes, portent le même nom **mbaso** en pygmée bibaya.

Voir n°98.

98) *Dialium pachyphyllum* HARMS ; Césalpiniacées
mbaso

Voir n°97.

GUIG., *m'basso* en lissongo.
BOUQ., *mbasa* en dialecte (véhiculaire) songo.

99) *Dichostemma glaucescens* PIERRE ; Euphorbiacées
mongamba

LB, mòndèmbā.mèkō (et mògùgā.mèkō ?) en isongo .

100) *Dichrostachys cinerea* (L.) WIGHT & ARN. ; Mimosacées
kanja (1)

= *D. glomerata*.

GUIG., *ganza* [gànzà] en lissongo.
DUCH., *kisanga* en dialecte (véhiculaire) lingala.

D'après VERGIAT, *gancha* en dialecte manja (République centrafricaine).

Le terme **kanja** a aussi été utilisé, en pygmée bibaya, pour désigner *Chaetacme aristata* (n°65) ainsi que *Citropsis articulata* (n°69).

101) *Dicranolepsis spp.* ; Thyméléacées
mbi, nbüi, nbwi, ngbi.

LB, *D.* cf. *grandiflora*, bìlɔ́mbì en isongo.

102) *Diospyros abyssinica* (HIERN) F. WHITE ; Ebénacées
djama

103) *Diospyros bipindensis* GÜRKE ; Ebénacées
babango ; liba (d'après BOUQ.)

JMCT, *D. alboflavescens*, mbángó en ngbaka-'bakanga.
GUIG., *D. abyssinica* (= *Maba ubanghensis*), *bango* [mbàngō, LB, *D. bipindensis*] et *D. crassiflora*, *bingo* en lissongo.
CTFT, *D. crassiflora*, *bingo* en lissongo ; *D. xanthochlamys*, *belibongo* en lissongo.

Voir n° 107 et 108.

104) *Diospyros canaliculata* DE WILD. ; Ebénacées
mbéla, mboloa
= *D. cauliflora* = *D. chlamydocarpa* = *D. xanthochlamys* = *Cyclostemon gabonensis* = *Maba coriacea*.

JMCT, mbóló ou ndàkà.mbálá en ngbaka-'bakanga.
GUIG., *D. xanthochlamys* (= *Maba coriacea*), *beli* [gbɛ̀lī] en lissongo.
CTFT, *D. xanthochlamys*, *g'benli* en dialecte baya.

Voir n° 109 et 110.

105) *Diospyros crassiflora* HIERN ; Ebénacées
lembé
= *D. incarnata*.

BOUQ., *D. bipindensis*, *lèmbe* en dialecte bôngili de la région de Ouesso au Congo.

A noter, d'après W. et S., que *nèmba*, *nèmbè* désignent plusieurs espèces de *Diospyros* au Gabon (voir n°106).

106) *Diospyros hoyleana* F. WHITE ; Ebénacées
bokembé, mokembé
= *Maba kamerunensis*.

BOUQ., *nimbe* en dialecte laali (non "laadi" de Brazzaville) de la région de Mossendjo au Congo.

Voir n° 105.

107) *Diospyros iturensis* (GÜRKE) R. LET. & F. WHITE ; Ebénacées
babango ; ganda(1)
= *D. alboflavescens*.

A noter que le terme *nkenda* est utilisé en pygmée bagielli du Sud-Ouest camerounais pour désigner *D. gabunensis* et *kendẽ* pour désigner *D. fragrans*.

A rapprocher (?) *nẽmba* en divers dialectes du Gabon pour désigner diverses espèces de *Diospyros*, d'après W. et S. (voir n°105).

Voir n° 103 et 108.

108) *Diospyros mannii* A. CHEV. ; Ebénacées
babangilo

Voir n° 103 et 107.

109) *Diospyros monbuttensis* GÜRKE ; Ebénacées
mbéla

= *D. senensis.*

Voir n° 104 et 110.

110) *Diospyros physocalycina* GÜRKE ; Ebénacées
mboloa ; **mboboa** (d'après BOUQ.)

= *D. xanthochlamys* = *Cyclostemon gabonense.*

Voir n° 104 et 109.

111) *Discoglypremna caloneura*(PAX) PRAIN ; Euphorbiacées
djila, njila

= *Alchornea caloneura.*

Le terme **njila** a aussi été utilisé, en pygmée bibaya, pour désigner *Paropsia guineensis* (n°259).

112) *Distemonanthus benthamianus* BAILL. ; Césalpiniacées
sélé

La limite orientale de l'aire de cette espèce atteint, au Cameroun, la zone d'habitat des Pygmées bibaya ; c'est l'un des rares noms vernaculaires communs à ceux-ci et aux Pygmées bagielli du Sud-Ouest camerounais. Ce terme **sélé** ne paraît pas avoir été, jusqu'à ce jour, retrouvé ni au Gabon, ni au Congo.

113) *Donella pruniformis* (PIERRE ex ENGL.) AUBREV. & PELLEGR. ; Sapotacées
ngadjé (1)

= *D. parvifolia* = *Chrysophyllum pruniforme.*

Confusions fréquentes entre diverses Sapotacées (voir n°15).

Le terme **ngadjé** désigne habituellement, en pygmée bibaya, *Gambeya beguei* (n°157) dont le feuillage roux est fort analogue à celui de *Donella pruniformis.*

114) *Donella ubanguiensis* (DE WILD.) AUBREV. ; Sapotacées
konya ; **njué** (1), **tuba** (1)

= *D. letestuana* = *D. pentagonocarpa* = *Chrysophyllum belemba* = *C. claessensii* = *C. letestuanum* = *C. pentagonocarpum.*

Confusions fréquentes entre diverses Sapotacées (voir n°15).

Le terme **konya** désigne aussi, en pygmée bibaya, *Aningeria altissima* (n°15), parfois aussi *Gambeya perpulchra* (n°160). Le terme **tuba**, en pygmée bibaya, désigne habituellement *Tridesmostemon omphalocarpoides* (n°349).

115) *Dracaena arborea* LINK. ; Agavacées
mbiato

= *Pleomele arborea.*

D'après W. et S., *D. fragrans*, *mumbato-mbato* en dialecte ngowé (groupe eshira-bantou) du Gabon.

116) *Drypetes aframensis* HUTCH. ; Euphorbiacées
maséba, maséfa (1)

Voir *D. sp.* RL n° 5301 (n°125).

GUIG., *D. sp.*, *melassomba* [mèlá̋.só̋mbā] en lissongo.

117) *Drypetes capillipes* (PAX) PAX & K. HOFFM. ; Euphorbiacées
bologa

= *Lingelsheimia capillipes.*

Voir n°118. Ces deux espèces, fort différentes d'aspect, reçoivent toutes deux, en pygmée bibaya, la même dénomination.

118) *Drypetes gossweileri* S. MOORE ; Euphorbiacées
bologa

= *D. armoracia.*

Voir n°117. Ces deux espèces, fort différentes d'aspect, reçoivent toutes deux, en pygmée bibaya, la même dénomination.

119) *Drypetes ituriensis* PAX & K. HOFFM. ; Euphorbiacées
gongo

= *D. urophylla.*

(*Drypetes* remarquable, lorsqu'il est jeune, par sa tige droite garnie de fausses épines).

A rapprocher (?), d'après GUIG., *Drypetes gossweileri* , *nzongo* [nzɔ̀ngɔ̀] en lissongo.

120) *Drypetes klainei* PIERRE ex PAX (?) RL n° 12109 ; Euphorbiacées
tembo (1)

Voir *D. paxii* (n°122) et *D. sp.* RL n° 12120 (n°126).

Le terme **tembo** désigne également, en pygmée bibaya, *Homalium letestui* (n°179), sous réserve d'une correcte notation phonétique.

121) *Drypetes molunduana* PAX & K. HOFFM. ; Euphorbiacées
motétombé (1), **tandi** (1).

Le terme **motétombé** n'est pas sans analogie avec **tembo** (voir n° 120, 122, 126) si l'on admet l'inversion de syllabes. A noter de plus **mototombo** pour *D. principum* (?) (n°123).

122) *Drypetes paxii* PAX ; Euphorbiacées
tembo ; mpaya, paya (1)

Voir *D. klainei* (?) RL n° 12109 (n°120) et *D. sp.* RL n° 12120 (n°126) pour **tembo.**

Voir *D. principum* (?) (n°123) pour **mpaya, paya.**

123) *Drypetes principum* (MÜLL. ARG.) HUTCH. (?) ; Euphorbiacées
mototombo (1) ; **paya** (1).

Voir *D. molunduana* (n°121) et *D. paxii* (n°122).

124) *Drypetes sp.* RL n° 5030 ; Euphorbiacées
kpaso

125) *Drypetes sp.* RL n° 5301 ; Euphorbiacées
maséba, maséfa (1)

Voir *D. aframensis* (n°116).

GUIG., *Drypetes sp.*, *melassomba* [mèlʻ̋a.sʻ̋ombā] en lissongo.

126) *Drypetes sp.* RL n° 12120 ; Euphorbiacées
tembo (1)

Voir *D. klainei* (?) RL n° 12109 (n°120) et *D. paxii* (n°122).

127) *Duboscia macrocarpa* BOCQ. et/ou *Duboscia viridiflora* (K. SCHUM.) MILDBR. ; Tiliacées
nguluma, nguruma
= *Diplanthemum brieyi* et/ou *D. viridiflorum.*

(La distinction entre les deux espèces en cause n'est jamais très nette sur le terrain).

A rapprocher (?), d'après GUIG., *kakama* [kàkàmà] en lissongo, mais ce terme peut, à son tour, être comparé au terme pahouin *akak* ; de même d'après JMCT, *D. macrocarpa*, kàkàmà en ngbaka-'bakanga.

128) *Duvignaudia inopinata* J. LEONARD ; Euphorbiacées
mbu, bulu (d'après BOUQ.).

BOUQ., *mbulu* en dialecte kôta de la région située au Sud de Sembé et *mubuhul* en dialecte tsaangi de la région de Mossendjo, au Congo (Voir au n°142 en ce qui concerne les rapports entre le Nord et le Sud du Congo).

129) *Elaeis guineensis* JACQ. ; Arécacées
mbila (1)

D'près W. et S., termes voisins : *liba*, *oba*, *obõ*, *dimbilõ*, *dẽmbila* (en bakèlè [8]), *mbiya*... en divers dialectes du Gabon.

[8] WALKER et SILLANS (1961) dans l'énumération des populations gabonaises (pp.19-21) ne parlent que de Babingas pour désigner les Pygmées mais ne fournissent aucun nom vernaculaire de plantes en une éventuelle langue babinga. Par contre la désignation "bakèlè" (*cf.* p.20 "Bakélés" : Disséminés un peu partout) se rapporte à des pêcheurs répartis dans tout le Gabon au long des rivières.

130) *Elaeophorbia drupifera* (THONN.) STAPF ; Euphorbiacées
songolibéla
= *E. neriifolia* = *E. teke* = *Euphorbia drupifera* = *Euphorbia teke*.

JMCT, sɔ́ngɔ́ en ngbaka-'bakanga.
GUIG., *songondima* [sɔ̄ngɔ̄.ndīmā] ou [sɔ̄ngɔ̄] (LB) en lissongo.
CTFT; *songokoula* en dialecte baya.
CHEV., *sango* en dialecte banda, *songo koula* en dialecte baya.
BOUQ., *songowa* en dialecte (véhiculaire) songo au Congo.

131) *Enantia chlorantha* OLIV. ; Annonacées
évué

132) *Endodesmia calophylloides* BENTH. ; Hypéricacées
loabalé (1)

133) *Entandrophragma angolense* (WELW.) C. DC. ; Méliacées
kaki
= *E. candolleanum* = *E. casimirianum* = *E. congoense* = *E. gregoireianum* = *E. leplaei* = *E. macrophyllum* = *E. platanoides* = *E. rederi* = *E. septentrionale* = *Leioptyx congoensis*.

Cette espèce et la suivante *E. candollei* (et parfois d'autres *Entandrophragma*) sont rarement correctement distinguées l'une de l'autre par les prospecteurs. C'est ainsi que, d'après GUIG., *kanga* [kàngá] s'appliquerait à *E. candollei* en baka-bocanga et, [kàngà] indistinctement, à *E. angolense* ou à *E. candollei* en lissongo, la différence de tonalité [á] et [à] ne correspondant certainement pas à une différenciation spécifique au point de vue botanique. Pour CTFT. et CHEV., *E. angolense* et *E. candollei*, *kanga* en dialecte baya.

La nomenclature des *Entandrophragma* congolais adoptée par DUCH. ne favorise guère les comparaisons, mais on peut relever sous la rubrique *Entandrophragma sp.* des termes voisins de **kaki** : *dihaki* en dialecte tshitetela des districts du Kasai et du Sankuru ; *kilifake*, *kilifaki* dans le district de l'Equateur ; *lifaki* en dialecte mongo dans le district de l'Aruwimi ; *paki*, *baki* au Kivu.

134) *Entandrophragma candollei* HARMS ; Méliacées
kanga
= *E. choriandrum* = *E. ferrugineum*.

Voir *E. angolense* ci-dessus (n°133).

Le terme **kanga**, en pygmée bibaya, a également servi parfois à désigner *Amphimas pterocarpoides* (n°11), dénommé normalement **ékéla**. Ceci paraît se retrouver, d'après GUIG., pour *khanga* [kàngá] en baka-bocanga mais ces confusions ne résultent en réalité que d'une question de ton haut et de ton bas.

135) *Entandrophragma cylindricum* (SPRAGUE) SPRAGUE ; Méliacées
boyo, mboyo
= *E. lebrunii* = *E. rufum* = *E. tomentosum*.

Cette espèce et la suivante (n°136) *E. utile* (et parfois d'autres *Entandrophragma*) sont rarement correctement distinguées l'une de l'autre par les prospecteurs.

GUIG., *byo* [bíò] en baka-bocanga, *m'boyo* [mbòyō] en lissongo.
TISS., *gboyo* en dialecte gbaya de Berbérati (République centrafricaine).
CTFT. et CHEV., *boyo* en dialecte baya.
BOUQ., *poyo*, *boyo*, *mboyo* en dialecte bôngili de la région de Ouesso au Congo.

La nomenclature des *Entandrophragma* congolais adoptée par DUCH. ne favorise guère les comparaisons, mais on peut relever sous la rubrique *Entandrophragma sp.* des termes voisins de **boyo** : *bofio*, *liwoyo* dans le district de l'Aruwimi ; *liboyo*, *libuyu* en dialecte kikusu dans la région de Kisangani.

136) *Entandrophragma utile* (DAWE & SPRAGUE) SPRAGUE ; Méliacées
bokulo ; **langa** (1), **likoye** (1).
= *E. macrocarpum* = *E. roburoides* = *E. thomasii*.

Voir *E. cylindricum* ci-dessus (n°135).

A noter, d'après GUIG., *bokoï* ['bòkòì] en baka-bocanga et lissongo (en isongo seulement pour LB et JMCT).

CTFT. et CHEV., *bokilo* en dialecte baya.

D'après F.C.B., *likoie* en dialecte mogwandi (district ?).

Peut-être peut-on rapprocher **langa** de **kanga** désignant *E. candollei* (n°134) en pygmée bibaya.

137) *Eribroma oblongum* (MAST.) BOD. ; Sterculiacées
éboyo
= *Sterculia oblonga*.

GUIG., *gboyo* [gbōyō] en lissongo.

A noter que, d'après DUCH., plusieurs *Cola* portent des noms voisins : *C. laurentii* var. *integrifolia* (= *C. marsupium* ?), *loboy* dans le district des Bangala (Dundusana) ; *C. nalaensis*, *boboy* dans les districts de l'Ubangi et des Bangala.

138) *Erismadelphus exsul* MILDBR. ; Vochysiacées
bokokwanjubé

(Il s'agit ici d'un grand arbre de forêt de terre ferme – "var. *platyphyllus*" – et non du petit arbre à racines échasses des terrains marécageux).

139) *Erythrina excelsa* BAK. ; Fabacées
ngulumbé (1), **njangé** (1), **ponji** (1)
= *E. seretii*.

A rapprocher (?) de *nganjé*, d'après TISS. et SILL., *tchangawu* en dialecte banda et *tchangaro* en dialecte wasa pour diverses espèces d'*Erythrina* de savane en République centrafricaine.

A rapprocher (?) de *ponji*, d'après DUCH., *Erythrina sp.*, *ekoji* en dialecte kiboie du district du Kivu.

140) *Erythrophloeum suaveolens* (GUILL. & PERR.) BRENAN ; Césalpiniacées
mbanda

GUIG., *g'banda* [ngbàndà] en baka-bocanga.

TISS., *mbwanda* en dialecte banda, voisin du gbaya, désigne les racines utilisées dans beaucoup de régions comme poison d'épreuve.

CTFT, *n'gbanda* en dialecte baya.

CHEV., *ngbanda* en dialecte baya.

SILL., *ngbanda* en dialecte gbaya de Berbérati (République centrafricaine).

BOUQ., *mbanda* en dialecte bôngili de la région de Ouesso au Congo.

A rapprocher d'après DUCH., *bolanda* en dialecte mongo des districts de l'Equateur, de la Lulonga et de l'Aruwimi.

141) *Eythroxylum mannii* OLIV. ; Erythroxylacées
bosomba

142) *Fagara heitzii* AUBREV. & PELLEGR. ; Rutacées
bolongo

= *F. brieyi*.

Le terme **bolongo** désigne tous les *Fagara* arborescents et se retrouve, désignant diverses espèces, en dialecte lissongo de République centrafricaine et en divers dialectes du Zaïre. Au Congo BOUQ. signale pour *F. viridis* (lianescent) des termes similaires (*bongo, bilongo*... pour les régions septentrionales, *nolungo*, *bululu*, *bulubu*... pour les régions méridionales ; on retrouve ici les analogies assez fréquentes, connues grâce à cet auteur, entre termes utilisés au Nord et termes utilisés au Sud, dans ces régions forestières où vivent des Pygmées, alors que les régions centrales de ce territoire politique, surtout de savanes, constituent souvent une zone "vide".

GUIG., *F. lemairei*, *F. lepreurii* et *F. macrophylla*, *bolongo* ['bòlòngō] en lissongo.

SILL., *F. lepreurii*, *bolõngo* ['bòlòngō] en lissongo.

DUCH., *F. lemairei*, *bolongo na mai* en dialecte mongo ainsi que *bolungo* dans les districts de la Lulonga et de l'Aruwimi ; *F. macrophylla*, *bingondo*, *engondo* en dialectes lingala (véhiculaire) et mongo dans les districts de la Lulonga et de l'Equateur. F.C.B. confirme ces dénominations pour les régions de l'Equateur et de l'Aruwimi.

D'après DUCH., des termes moins voisins de **bolongo** désigneraient divers *Fagara* en d'autres régions du Zaïre : *F. welwitschii* (= *F. afzelii* = *F. altissima* = *F. cabrae* = *F. thomensis*), *zongo* en dialecte kiombé du Mayumbe ; *F. pilosiuscula* (= *F. verschuereni*), *elondo* dans le district du Bas-Congo (Kalamu) ; *Fagara sp.*, *adjungo* en dialecte tshitetela du district du Sankuru. On trouve ainsi diverses transitions phonétiques avec les termes usuels pahouins *bongo*, *éyuyongo* et avec des termes gabonais (*olon*, *olonvogo*, *ndongo* et voisins) désignant divers *Fagara*, tout comme mentionné ci-dessus pour les termes congolais fournis par BOUQ.

Ci-dessus a été notée une analogie entre *Fagara spp*. et *Angylocalyx pynaertii* (n°13), vraisemblablement à cause d'une odeur d'écorces assez voisine.

143) *Fagara lemairei* DE WILD. ; Rutacées
bolongo

= *F. gracilifolia* = *F. unwini*.

Voir *F. heitzii* ci-dessus (n°142).

144) *Fagara macrophylla* ENGL. ; Rutacées
bolongo

= *F. gilletii.*

Voir *F. heitzii* ci-dessus (n°142).

145) *Fagara tesmannii* ENGL. ; Rutacées
bolongo

= *F. braunii* = *F. inaequalis* = *F. iturensis* = *F. kivuensis* = *F. melanorhachis* = *F. obliquefolialata* = *F. rigidifolia.*

Voir *F. heitzii* ci-dessus (n°142).

146) *Fernandoa adolfi-friderici* (GILG. & MILDBR.) HEINE ; Bignoniacées
bongo

= *Ferdinandia adolfi-friderici* = *Tisserantodendron chevalieri.*

Voir n°147.

Le terme **bongo** a également été utilisé (s'il n'y a pas de minime différence phonétique ?), en pygmée bibaya, pour désigner *Ficus leprieurii* (n°149) et *Treculia africana* (n°340).

147) *Fernandoa ferdinandi* (WELW.) MILNE-REDH. ; Bignoniacées
bongo

= *Ferdinandia superba* = *Tisserantodendron walkeri.*

Voir n°146.

148) *Ficus exasperata* VAHL ; Moracées
lingembé (1)

= *F. punctifera.*

Voir *F. mucuso* ci-dessous (n°151). A rapprocher (de **livèté**), d'après W. et S., *divyɛ̀sɔ́* en dialecte ngowé du Gabon pour *F. exasperata*, et quelques termes voisins en d'autres dialectes.

D'une manière générale, les confusions entre différentes espèces de *Ficus*, même d'apparences différentes, paraissent fréquentes chez les prospecteurs africains, Pygmées bibaya et autres (voir n° 148, 150, 151, 152, 153).

149) *Ficus leprieurii* MIQ. ; Moracées
bongo (1)

= *F. furcata* = *F. triangularis.*

Le terme **bongo** désigne normalement (s'il n'y a pas de minime différence phonétique ?), en pygmée bibaya, *Fernandoa adolfi-friderici* et *F. ferdinandi* (n° 146 et 147) ; il a aussi été utilisé pour *Treculia africana* (n°340).

150) *Ficus macrosperma* WARB. ex MILDBR. & BURRET ; Moracées
djolo (1)

Voir n°153.

151) *Ficus mucuso* WELW. ex FICALHO ; Moracées
éwawa, liwawa ; lingembé ; livété (1)
= *F. corylifolia* = *F. sidifolia* = *F. vogeliana*.

Voir *F. exasperata* ci-dessus (n°148) au sujet du genre *Ficus*.

DUCH., *linteli* en dialecte mongo du district de la Lulonga, *liteli* en dialectes kundu et mongo du district du Kasai ; pour *F. urceolaris*, *litete* en dialecte gombe du district des Bangala ; pour *F. vallis-choudae*, *itedji* dans le district de l'Equateur (Mbandaka).
F.C.B., *kibembé* dans le district du Kasai (Bakwafuta).

A rapprocher d'après BOUQ., pour *F. exasperata*, *yaakassa*, *muwaakasa*, *wakasa*, *muwakasa* en différents dialectes congolais vers Brazzaville et Madingou ; pour *F. vogeliana* (véritable), *lipete* en dialecte bondjo au Nord d'Impfondo.

A noter pour le Gabon, d'après W. et S. (*F. vogeliana* = *F. mucuso*) plusieurs termes voisins de *divyèsó* (*ivèvèzu*, *divèvèngi*...) en différents dialectes.

152) *Ficus rubroreceptaculata* DE WILD. (?) RL n° 11717
pobongo (1)

Voir n°149.

153) *Ficus sp.* ; Moracées
djolo

(Grand *Ficus* "étrangleur" dénommé *èkèkam* en dialecte yaoundé du Cameroun).

Voir n°150.

154) *Fillaeopsis discophora* HARMS ; Mimosacées
éléko (1)

Le terme **éléko** est à rapprocher des termes voisins **élékwo, éluku** qui désignent normalement, en pygmée bibaya, *Cassia mannii* (n°56) et *Swartzia fistuloides* (n°325).

155) *Funtumia africana* STAPF ; Apocynacées
kondu
= *F. latifolia* = *Kickxia africana* = *K. latifolia* = *K. zenkeri*.

156) *Funtumia elastica* STAPF ; Apocynacées
damba, ndama, ndamba ; ndo
= *Kickxia elastica*.

GUIG., *n'dimbo* [ndìmbō] en dialecte baka-bocanga ; *modembo*, *mondembo* [mòndèmbō] en lissongo.
CTFT, *n'damba* en dialecte baya.
CHEV., *ndamba* en dialecte baya.
SILL., *mõndimbo* [mòndèmbō] en lissongo et *ndãmbu* en dialecte gbaya (République centrafricaine).
DUCH., *F. elastica* et *F. latifolia*, *dembo*, *dembonagete* dans les districts de l'Ubangi et des Bangala. A noter les termes voisins *dimbu-dimbu*, *ndimbudimbu*, en dialecte kiombé du Mayumbe pour *F. latifolia* (= *F. africana*).

Il semble que, en pygmée bibaya, le véritable nom – bien que le moins utilisé – soit **ndo** pour désigner l'arbre producteur de caoutchouc sauvage ; ce terme n'a pu être rapproché d'aucun autre publié à ce jour.

157) *Gambeya beguei* AUBREV. ; Sapotacées
ngadjé
= *Chrysophyllum beguei*.

Le terme **ngadjé** a également été utilisé, en pygmée bibaya, pour désigner *Donella pruniformis* (n°113) dont le feuillage roux est fort analogue à celui de *Gambeya beguei*.

Voir note au n°158 au sujet du genre *Gambeya* et des Sapotacées en général.

158) *Gambeya boukokoensis* AUBREV. & PELLEGR. ; Sapotacées
mandongé, mondongé ; madjéjé (1)
= *Chrysophyllum tessmannii* var. *densinervium*.

GUIG., *Gambeya* (*Chrysophyllum*) *sp.*, *manzenze* [mànzènzè] en lissongo.
TISS., *Wildemaniodoxa* (*Chrysophyllum*) *laurentii*, *monzunze* [mònzūnzé] en lissongo.
CHEV., *Gambeya* (*Chrysophyllum*) *laurentii*, *monzunze* [mònzūnzé] en lissongo.
DUCH., *Gambeya* (*Chrysophyllum*) *africana*, *bolonge* en dialecte kundu du district de l'Equateur (Eala) ; *Wildemaniodoxa* (*Chrysophyllum*) *laurentii* (= *C. sapini*), *bolonge* en dialecte mongo des districts de l'Equateur (Eala) et de l'Aruwimi (Mondimbi).

A noter les confusions fréquentes effectuées par les prospecteurs entre diverses espèces de *Gambeya* et genres voisins. C'est ainsi que le terme **mandongé, mondongé** a été utilisé, en pygmée bibaya, pour désigner *Aningeria altissima* et *A. robusta* (n° 15 et 16). Voir aussi l'exemple ci-dessus (n° 113 et 157) auquel se rattache, d'après GUIG., *manzenze* [mànzènzè], *manzounze* [mónzūnzū] qui, en lissongo, désignerait *Donella pruniformis* (n°113) et *monzounze* [mònzūnzé] qui désignerait *Gambeya perpulchra* (n°160), alors que *molomonzounze* [mòlő.mónzūnzé] désignerait *G. beguei* (n°157). Voir de même, d'après CHEV., *monginza* qui, en dialecte gbaya, désignerait *Tieghemella heckelii* (= *Dumoria heckelii*).

159) *Gambeya lacourtiana* (DE WILD.) AUBREV. & PELLEGR. ; Sapotacées
bambu ; mubambu (d'après BOUQ.)
= *Chrysophyllum autranianum* = *C. lacourtianum*.

GUIG., *Gambeya* (*Chrysophyllum*) *sp.*, *bambou* [ʼbáàmbú] en baka-bocanga ; *G. albida*, *mobambou* [mòʼbàmbū] en lissongo.
CHEV., *Gambeya* (*Chrysophyllum*) *subnuda*, *bambou* en dialecte baya.
CTFT, *G. albida*, *G. boukokoensis* et *G. lacourtiana* , *mbambou* en dialecte baya.

D'après DUCH., le terme *bambu* et des termes voisins (*boʄambu*, *buʄambu*, *ebabambu*, *lipambu*, *baʄambu*, *diʄambu*, *moʄambu*, *luhambu*, *buhambu*, *muambu*) désignent divers *Gambeya* (*Chrysophyllum*) et paraissent largement utilisés dans toute la province de l'Equateur et au-delà jusqu'au Kwilu ainsi que, par l'Aruwimi, jusqu'au Kivu et au Maniema. Des termes voisins se retrouvent, d'après W. et S., au Gabon.

A noter les rapprochements possibles avec le terme pahouin *abam* désignant *G. lacourtiana* et d'autres *Gambeya*.

160) *Gambeya perpulchra* (MILDBR.) AUBREV. & PELLEGR. ; Sapotacées
koloka ; **konya** (1)
= *Chrysophyllum perpulchrum.*

GUIG., *n'goka* en baka-bocanga.

A noter, d'après DUCH., pour *Pachystela longistyla* (= *Sideroxylon longistylum*), *bokoloku* dans le district de l'Equateur, pour *Gambeya* (*Chrysophyllum*) *africana*, *likoliko* dans le district de l'Aruwimi ... toutes les Sapotacées étant souvent difficilement distinguées entre elles par les prospecteurs africains.

Le terme **koloka** désigne également, en pygmée bibaya, *Breviea leptosperma* (n°44).

Le terme **konya** désigne habituellement, en pygmée bibaya, *Aningeria altissima* (n°15) et *Donella ubanguiensis* (n°114).

Voir note au n°158 au sujet du genre *Gambeya* et des Sapotacées en général.

161) *Gambeyobotrys gigantea* (A. CHEV.) AUBREV. ; Sapotacées
njoli, njuri
= *Chrysophyllum giganteum* = *Gambeya gigantea.*

Le terme **njoli, njuri** a également été utilisé, en pygmée bibaya, pour désigner *Aningeria altissima* (n°15).

Voir note au n°158 au sujet du genre *Gambeya* et des Sapotacées en général.

162) *Ganophyllum giganteum* (A. CHEV.) HAUMAN ; Sapindacées
mokénjo (1)
= *G. africanum* = *Pseudospondias gigantea.*

163) *Garcinia kola* HECKEL ; Clusiacées
ngbwel (1)

A rapprocher (?) d'après DUCH. : *G. polyantha*, *gwela* (? dans le district des Bangala : Likimi), *angongwala* en dialecte kilundi du district de Kisangani (Bafwaboli), *negwangara* en dialecte kingbele de l'Uele, *musongwa na maie* au Shaba (Katala) ; *G. punctata* , *engwarade* en dialecte kikere du district de l'Aruwimi. D'après F.C.B., *musongwa* pour diverses espèces de *Garcinia* (*G. buchananii*, *G. huillensis*) en dialectes kitabwa, kiluba et kibemba du district du Tanganika-Moero et du Shaba près Lubumbashi.

164) *Garcinia punctata* OLIV. ; Clusiacées
gambé, gambi
= *G. afzelii.*

Les confusions entre Clusiacées sont fréquentes et le terme **gambé, gambi** désigne également, entre autres Clusiacées, *Pentadesma butyracea* (n°265) et *Symphonia globulifera* (n°326).

165) *Gilbertiodendron dewevrei* (DE WILD.) J. LEONARD ; Césalpiniacées
bemba ; **bambi** (1)
= *Macrolobium dewevrei.*

DUCH. (et F.C.B.), *boemba* en dialectes lokundu (=kundu) et mongo

des districts de l'Equateur, de la Lulonga et de l'Aruwimi, *limbali* en dialectes kingwana et kiswahili (véhiculaire) des districts de l'Aruwimi, de Kisangani et du Maniema, *bombali* en dialecte ababua de l'Uele, *abimba* en dialecte zande de l'Uele.
BOUQ., *demba* en dialecte bôngili de la région de Ouesso au Congo. A rapprocher *G. klainei*, *bimbi* en dialecte mbaamba de la région de Sibiti.

A rapprocher le terme **bimba** qui, en pygmée bibaya, a servi à désigner *Anthonotha* (*Macrolobium*) *cladantha* (n°20), quoique ce terme paraisse le plus souvent s'appliquer à *Lecaniodiscus cupanioides* (n°201). Ce terme **bemba**, **bimba** a aussi été employé pour *Afzelia bipindensis* (n°2) et pour *Oddoniodendron micranthum* (n°240).

A noter les termes pahouins *abem*, *ékobem*, *ésabem* désignant divers *Berlinia* et *Macrolobium* (sensu lato).

Le terme **bambi** a été employé, en pygmée bibaya, pour désigner *Homalium longistylum* (n°180).

166) *Glyphaea brevis* (SPRENG.) MONACHINO ; Tiliacées
andaka (1)
= *G. lateriflora*.

GUIG., *daka* [dākā] en lissongo.

A noter qu'aucun rapprochement ne peut être fait avec les nombreux termes présentés par F.C.B.

167) *Gossweilerodendron balsamiferum* (VERM.) HARMS ; Césalpiniacées
gondo, gondu
= *Pterygopodium balsamiferum*.

Le terme **gondo, gondu** désigne également, en pygmée bibaya, une espèce très voisine : *Oxystigma oxyphyllum* (n°247) ; il a aussi été utilisé pour *Stemonocoleus micranthus* (n°313).

168) *Grewia coriacea* MAST. ; Tiliacées
ébuku
= *Microcos coriacea*.

D'après F.C.B., *G. oligoneura*, *bukulu* en dialecte zande de l'Uele, *G. flavescens* et *G. stolzii*, *bukukutila* en dialecte kitabwa du district du Tanganika-Moero ; à rapprocher (?) *mukulukunki* dans la région de Lubumbashi.

169) *Grossera macrantha* PAX ; Euphorbiacées
bodaba

170) *Grossera paniculata* ; Euphorbiacées
yaka (1)

171) *Guarea cedrata* (A. CHEV.) PELLEGR. ; Méliacées
mbégna
= *G. alatipetiolata* = *Khaya canaliculata*.

GUIG., *G. laurentii*, *m'begne*, *m'béniè* [mbɛ̀ɲɛ̄] en lissongo.

Voir note à l'espèce suivante (n°172).

172) *Guarea thompsonii* SPRAGUE & HUTCH. ; Méliacées
énjumbu, njombo ; mobéka, mobésa

DUCH., *G. laurentii*, *bosasa*, *bossa* dans les districts du Lac Mayi Ndombe, de l'Equateur et de la Lulonga, *lisasa*, *lissassa* en dialecte mongo des mêmes districts ; *Guarea sp.*, *moesa* en dialecte kibila du district du Kivu.

F.C.B., *Guarea cedrata*, *bosasa*, *lisasa* en Equateur.

Les confusions semblent fréquentes entre les différentes espèces de *Guarea* et peut-être au Cameroun même *G. laurentii* et *G. thompsonii* ne sont-ils pas aisément distingués.

173) *Guibourtia demeusei* (HARMS) J. LEONARD ; Césalpiniacées
paka

= *Copaifera demeusei*.

Voir au n°333 (*Tessmannia africana*) en ce qui concerne le terme **paka**.

GUIG., *paka* [pàkà] en baka-bocanga et [fàkà] en lissongo.

CTFT. et CHEV., *paka* en dialecte baya.

DUCH., *baka* en dialecte (véhiculaire) lingala et *mbaka* en dialecte nongo des districts de la Lulonga, de l'Equateur et du Lac Mayi Ndombe, *mpaka* en dialecte (véhiculaire) lingala du district du Kwango.

F.C.B., *epakapaka* en dialecte gombe de la région de l'Equateur ; résine de ce même arbre, *m'baka* en dialecte (véhiculaire) lingala et en diverses régions.

BOUQ., *mobaka* en dialecte bôngili de la région de Ouesso au Congo.

174) *Harrisonia abyssinica* OLIV. ; Simaroubacées
fafanda (1)

= *H. occidentalis*.

Le terme **fafanda** a également été utilisé, en pygmée bibaya, pour désigner *Rauvolfia vomitoria* (n°293).

175) *Harungana madagascariensis* LAM. ex POIR. ; Hypéricacées
njéné (1)

TISS., *djũmo* en dialecte banda-linda (République centrafricaine).

Cette espèce est dénommée *lẽtuno* par les Pygmées bagielli du Sud-Ouest camerounais. De nombreux termes analogues à celui-ci se retrouvent (DUCH., F.C.B.) en divers dialectes de la cuvette zaïroise mais non sur le pourtour et sont de même absents au Gabon, d'après W. et S. et au Congo, d'après BOUQ. Par contre il est impossible de trouver trace de la dénomination **njéné** ci-dessus qui, bien que recueillie une seule fois, paraît se rencontrer (?) en dialecte banda-linda d'après TISS., et d'après VERGIAT.

Le terme **njéné** désigne habituellement, en pygmée bibaya, *Tetrorchidium didymostemon* (n°337), sous réserve d'une correcte notation phonétique.

176) *Heisteria zimmereri* ENGL. ; Olacacées
molomba

= *H. trillesiana*.

(La dénomination de cette plante est incertaine ; il s'agit d'un arbre d'assez grande taille qu'il paraît difficile de confondre avec l'arbuste *H. parvifolia*).

A noter certaines analogies, mais bien ténues et bien incertaines, pour des termes mentionnés par DUCH. (*Heisteria sp.*, *mundombe* en dialecte kiombé du Mayumbe ; *H. parvifolia* var. *grandifolia*, *bombi* en dialecte mayogo de l'Uele (Nala).

177) *Hexalobus crispiflorus* A. RICH. ; Annonacées
évota, pota
= *H. grandiflorus*

CTFT, *pouta* en dialecte baya.
CHEV., *poutan* en dialecte baya.
SILL., *puta* en dialecte gbaya (République centrafricaine).

178) *Holoptelea grandis* (HUTCH.) MILDBR. ; Ulmacées
bélé
= *H. integrifolia* = *Hymenocardia grandis*.

179) *Homalium letestui* PELLEGR. ; Samydacées
tembo
= *H. africanum* = *H. dolichophyllum*.

Le terme **tembo** désigne également, en pygmée bibaya, diverses espèces de *Drypetes* (n° 120, 122, 126), sous réserve d'une correcte notation phonétique.

180) *Homalium longistylum* MAST. ; Samydacées
bambi (1)

Le terme **bambi** a été employé, en pygmée bibaya, pour désigner *Gilbertiodendron dewevrei* (n°165) dont la désignation normale est cependant **bemba**.

181) *Hunteria umbellata* (K. SCHUM.) HALLIER f. ; Apocynacées
mototoko
= *Carpodinus umbellatus* = *Picralima umbellata* = *Polyadoa umbellata*.

Le terme **mototoko** désigne également, en pygmée bibaya, une espèce très voisine *Picralima nitida* (n°271).

182) *Hylodendron gabunense* TAUB. ; Césalpiniacées
lando

Espèce dénommée *landé* en dialecte maka et *landa* en dialecte kaka du Sud-Est camerounais.

A rapprocher (?) du terme pahouin *mvanda*, *mvane* et termes voisins mentionnés par W. et S. pour le Gabon.

183) *Hymenodictyon pachyantha* K. KRAUSE ; Rubiacées
bélémé (1), **fiambé** (1)
= *H. bracteatum* = *H. gobiense*.

184) *Irvingia excelsa* MILDBR. ; Irvingiacées
payo

GUIG., *I. gabonensis*, *payo* en baka-bocanga et [fāyō] en lissongo.
CTFT, *I. gabonensis*, *payo* [fāyō] en lissongo et baya.
DUCH., *I. grandifolia* (= *Klainedoxa grandifolia*), *mupayi* en dialecte benakoshi du district du Sankuru (voir au n°188 en ce qui concerne les confusions entre Irvingiacées).

Les deux espèces, *I. excelsa* et *I. gabonensis*, sont extrêmement voisines mais sont cependant aisément distinguées par les prospecteurs, Pygmées bibaya en particulier.

185) *Irvingia gabonensis* (AUBRY LECOMTE ex O'RORKE) BAILL. ; Irvingiacées
pékié
= *I. barteri* = *I. tenuifolia* = *I. tenuinucleata*.

D'après CTFT et CHEV., *payo* [fāyō] en lissongo et baya.
D'après SILL., *payo* en dialecte gbaya de Berbérati (République centrafricaine).
D'après BOUQ., *payo* en dialecte bôngili de la région de Ouesso au Congo.

A noter, d'après W. et S., *bēpēkē* en dialecte des Bakèlès "disséminés un peu partout au Gabon" (cf. note infrapaginale pour n°129).

Voir espèce précédente (n°184) en ce qui concerne les confusions entre *I. excelsa* et *I. gabonensis* et ci-après (n°188), d'une manière générale, les confusions entre Irvingiacées.

186) *Irvingia grandifolia* (ENGL.) ENGL. ; Irvingiacées
solia
= *Irvingella grandifolia* = *Klainedoxa grandifolia*.

Voir ci-après (n°188) en ce qui concerne les confusions entre Irvingiacées.

187) *Irvingia robur* MILDBR. ; Irvingiacées
kombélé, kumbélé

Voir *I. wombolu* (n°189) et ce qui concerne ci-après (n°188), d'une manière générale, les confusions entre Irvingiacées.

188) *Irvingia smithii* HOOK. f. ; Irvingiacées
musasombo, sosombo
= *Irvingella chevalieri* et *I. smithii*.

JMCT, sɔ̀mbɔ̀ en ngbaka-'bakanga.
GUIG., *sombomeko* [sɔ̀mbɔ̄.mèkō] en lissongo.
CHEV., *sosombolo* en dialecte baya.
F.C.B., *bosombo* en dialecte turumbu du district de Kisangani, boyombo en dialectes lokundu (= kundu) et lomongo (= mongo) des districts de la Lulonga, de l'Equateur et de l'Aruwimi.

Ce petit arbre de bord de rivière se différencie aisément des autres *Irvingia* et Irvingiacées. Il est cependant curieux de constater que des dénominations analogues à **musasombo, sosombo** des Pygmées bibaya camerounais se retrouvent, extrêmement fréquentes – mais s'appliquant à plusieurs espèces différentes d'Irvingiacées – en République centrafricaine, au Zaïre, au Congo ; ainsi :

D'après GUIG., *Irvingia gabonensis*, *molomossombo* [mòlʊ̈.sɔ́mbɔ̀] en lissongo (mais aussi *payo* [fāyō] ; voir n° 184 et 185) ; *I. grandifolia*, *sombo* [sɔ̀mbɔ̀] en baka-bocanga et lissongo.

D'après TISS., *Irvingia grandifolia*, *sombo* [sɔ̀mbɔ̀] en lissongo.

D'après CHEV., *Klainedoxa gabonensis*, *moussa* en dialecte baya.

D'après DUCH., *Klainedoxa oblongifolia* (= *K. gabonensis*), *musombo* en dialecte kirega du district du Maniema ; *Klainedoxa ovalifolia* (= *K. gabonensis*), *sombo* en dialecte kikumu du district du Kivu.

D'après BOUQ., *Irvingia grandifolia*, *mushombo* en dialecte bondjo de la région située au Nord d'Impfondo, *bosombo* en dialecte bôngili de la région de Ouesso au Congo, *sombo* en dialecte (véhiculaire) songo.

Les dénominations recueillies par nous au Cameroun, auprès des Pygmées bibaya, en ce qui concerne les Irvingiacées (*Desbordesia* n°92, *Irvingia* n° 184 à 189, *Klainodoxa* n° 195 et 196) ont été recoupées à de multiples reprises et leur détermination botanique vérifiée sur le terrain. On peut s'étonner des confusions ci-dessus mais il est certain qu'en l'absence de fruits et pour des informateurs peu expérimentés , en l'absence aussi de nombreux recoupements, les confusions entre *Irvingia* et *Klainedoxa* sont possibles, sans parler des difficultés concernant la distinction – basée surtout sur le port de l'arbre et la taille des fruits – des différents *Irvingia*. Il faut aussi noter, sauf exception, l'inexistence au Gabon (d'après W. et S.) et au Congo (d'après BOUQ.) de termes analogues à ceux utilisés par les Pygmées bibaya camerounais pour désigner les différentes Irvingiacées.

189) *Irvingia wombolu* VERM. ; Irvingiacées
kombélé, kumbélé ; mobolu.

DUCH., *mombolu*, *wombolu* en dialecte kundu du district de l'Equateur ainsi que *bobolu*, *bolumbu* dans ce même district ; *bohulu* en dialectes nongo, lokele et turumbu des districts de l'Aruwimi et de Kisangani.

F.C.B., *bombolu*, *wombolu* dans le district de l'Equateur.

Voir *I. robur* (n°187) et ce qui concerne ci-dessus (n°188), d'une manière générale, les confusions entre Irvingiacées.

190) *Isolona thonneri* (DE WILD. & TH. DUR.) ENGL.& DIELS ; Annonacées
djingo (1)
= *I. dewevrei* = *Monodora thonneri*.

GUIG., *Monodora myristica*, *ingo* [īngó] en lissongo ; *Monodora brevipes*, *nzingo ndengboue* [nzʼ̋ngò.dɛ̀ngbɛ̀, *I. hexaloba*, LB] en lissongo.

LB, īngó.mbólókó (*Isolona sp.*) en isongo.

JMCT, nzíngò en baka-'bakanga, pour une Annonacée indéterminée.

Le terme *ingo*, dans F.C.B., se retrouve sous diverses formes (*bofomingo*, *bomimingo*, *bundjingi*, *bundjingu*, *inaolo a loniningo*, *mundzingi*, *oniningo*, *pembe djingo*, *pombodjingo*, *wingo*...) en divers dialectes (babua (= ababua), lomongo (= mongo), turumbu...), en divers districts: de Kisangani (Banalia), des Bangala (Likimi, Musa)..., pour désigner plusieurs espèces d'*Isolona* et de *Monodora*. De tels termes se retrouvent, d'après W. et S., dans tout le Gabon et d'après BOUQ. (pour *Monodora myristica*) en plusieurs régions du Congo.

Voir aussi, en pygmée bibaya, **djingo** pour *Monodora tenuifolia* (n°224).

A noter les termes pahouins *nding*, *nom nding* qui désignent des *Isolona* et des *Monodora*.

191) *Isolona zenkeri* ENGL. (?) RL n° 10419 ; Annonacées
bikiyo

Le terme **kiyo** a aussi été utilisé, en pygmée bibaya, pour désigner *Cleistopholis patens* (n°71).

192) *Isomacrolobium isopetalum* (HARMS) AUBREV. & PELLEGR. ; Césalpiniacées
pokolo (1)
= *Anthonotha isopetala*.

Le terme **pokolo** est à rapprocher de **fofolo** utilisé, en pygmée bibaya, pour désigner *Anthonotha macrophylla* (n°21).

193) *Keayodendron bridelioides* (GILG. ex ENGL.) LÉANDRI ; Euphorbiacées
mbondo

194) *Khaya anthotheca* (WELW.) C. DC. ; Méliacées
mbom ; séwa ; tongia
= *K. euryphylla* = *K. mildbraedii* = *K. wildemanii* = *Garretia anthotheca*.

A rapprocher (?) d'après TISS., pour *Khaya spp.*, *omvu* en dialecte banda de République centrafricaine ; d'après SILL. pour *K. grandifoliola*, *ɔ̃mvu* en dialecte banda.
A rapprocher (?) d'après F.C.B., *bobulu* en dialecte kirega du Maniema, *mbololo* en dialecte kitembo du Kivu.

195) *Klainedoxa gabonensis* PIERRE ex ENGL. ; Irvingiacées
bokoko, bukoko
= *K. elliptica* = *K. lanceifolia* = *K. oblongifolia* = *K. ovalifolia* = *K. zenkeri*.

TISS., *bobolo* en dialecte manjia voisin du gbaya (République centrafricaine), *boboro* en dialecte banda, voisin du gbaya (République centrafricaine).
DUCH., *K. longifolia*, *bokolondo* en dialecte turumbu du district de Kisangani (Yangambi).

Voir au n°188 en ce qui concerne les confusions entre Irvingiacées.

196) *Klainedoxa microphylla* PELLEGR. ; Irvingiacées
bondulu

(Il s'agit pour beaucoup d'auteurs d'une variété de *Klainedoxa gabonensis*).

197) *Laccodiscus pseudostipularis* RADLK. ; Sapindacées
kangota (1)

198) *Lannea welwitschii* (HIERN) ENGL. ; Anacardiacées
kwa
= *L. acidissima* = *Calesiam welwitschii*.

Le terme pahouin utilisé au Cameroun pour désigner cette espèce est *ékoa*.

199) *Lasiodiscus mannii* HOOK. f. ex HEMSL. ; Rhamnacées

ésuma

= *L. chevalieri* = *L. klainei* = *L. marmoratus* = *L. mildbraedii* = *L. zenkeri*.

200) *Lebruniodendron leptanthum* (HARMS) J. LEONARD ; Césalpiniacées

gandu

Le terme **gandu** a aussi été utilisé, en pygmée bibaya, pour désigner *Pterocarpus mildbraedii* (n°281).

201) *Lecaniodiscus cupanioides* PLANCH. ex BENTH. ; Sapindacées

bimba

BOUQ., *bimba* en dialecte bôngili de la région de Ouesso au Congo. D'après F.C.B., *ambambe* en dialecte turumbu du district de Kisangani.

A noter que des termes voisins de *bembe* peuvent être relevés pour plusieurs espèces d'*Eriocoelum*, les confusions, par tous les prospecteurs africains, entre diverses Sapindacées, étant fréquentes.

Le terme **bemba, bimba** a également été utilisé, en pygmée bibaya, pour désigner *Afzelia bipindensis* (n°2), *Anthonotha cladantha* (n°20), *Gilbertiodendron dewevrei* (n°165) et *Oddoniodendron micranthum* (n°240).

202) *Leea guineensis* G. DON ; Leéacées

jangalanga (1) ; **bobongi** (d'après BOUQ.)

A rapprocher (?) d'après JMCT, mókóngó en ngbaka-'bakanga.

A rapprocher (?) d'après BOUQ., *gangawi* en dialecte mbôsi de la région de Fort Rousset au Congo.

203) *Lepidobotrys staudtii* ENGL. ; Lepidobotryacées

mosakwasiku ; **mila nia ngumu** (d'après BOUQ.)

204) *Lindackeria dentata* (OLIV.) GILG ; Flacourtiacées

bagolo

= *L. caillei* = *Oncoba dentata*.

JMCT, sḭ́ō̰kō̰, mɔ́kɔ̄.sḭ́ō̰kō̰ en ngbaka-'bakanga (cf. n°49).
GUIG., *molodolo* [mòlő.dɔ́lɔ̀] en lissongo.
BOUQ., *mwemgolo* en dialecte bôngili de la région de Ouesso au Congo.

A rapprocher, d'après DUCH., *longo-djolo* dans le district de l'Equateur.

Le terme **bagolo** s'applique aussi, en pygmée bibaya, à *Buchnerodendron speciosum* (n°47), également à large feuille et fruit épineux, mais a aussi été employé pour désigner *Caloncoba glauca* (n°48) à feuille étroite et fruit lisse, toutes ces espèces appartenant à la famille des Flacourtiacées.

205) *Lophira alata* BANKS ex GAERTN. ; Ochnacées

ngokélé ; **ngoka** (d'après BOUQ.)

= *L. simplex*.

A rapprocher, d'après GUIG., *n'goule* [ngùlè] en baka-bocanga et *n'golo* [ngòlò] ou [ngòllò] en lissongo.
CTFT, *n'gokelē* en dialecte baya.
CHEV., *ngokēlē* en dialecte baya.
SILL., *ngokēlē* en dialecte gbaya de Berbérati (République centrafricaine).
DUCH., *bokole*, *bonkole* en dialecte kundu du district de l'Equateur.
BOUQ. fournit des termes analogues (*okwere*, *mukwele*, *onguka*, *goka*, *ekouak*...) pour divers dialectes des régions de Fort Rousset, Ouesso, Impfondo, au Congo.

A noter le terme pahouin *okoga*.

Le terme **ngoka** est aussi utilisé, en pygmée bibaya, pour désigner des *Thomandersia* (n° 338 et 339).

206) *Lovoa trichilioides* HARMS ; Méliacées
ngobemba, ngobimba
= *L. corbisieriana* = *L. klaineana* = *L. leplaeana* = *L. pynaertii*.

207) *Macaranga spp.* ; Euphorbiacées
musasa

GUIG., *bassala* [bàsàlā] en lissongo.
CTFT, *bassa* en dialecte baya.

D'après DUCH., pour diverses espèces de *Macaranga* plus ou moins bien définies (compte tenu de la complexité des synonymies), se retrouvent des termes voisins de *sasa* (*bosasa*, *mushasha*, *nsasa*, *saza*, *sya sya*...) répandus du Mayumbe et du Bas-Congo (en dialecte kiombe) au district de l'Equateur et jusqu'au district de l'Ituri (en dialecte kihunde).

A noter le terme pahouin *asas*.

208) *Maesobotrya dusenii* (PAX) HUTCH. ; Euphorbiacées
mbiata (1)

209) *Maesopsis eminii* ENGL. ; Rhamnacées
londo, longo ; bidjongolo (1)
= *M. berchemioides* = *Karlea berchemioides*.

GUIG., *lolondo* [lɔ́lɔ́ndɔ́] en baka-bocanga.

Pourrait être rapproché, d'après LB, mòdòngbò, nzòndɔ̀ngɛ̀ en isongo et d'après DUCH., *dongo* dans le district des Bangala (Bangala).

210) *Majidea fosteri* (SPRAGUE) RADLK. ; Sapindacées
mokombé
= *M. cyanosperma* = *M. multijuga* = *Anoumabia cyanosperma* = *Harpullia fosteri* = *H. multijuga*.

A rapprocher, d'après F.C.B., *kambela mutshi* en dialecte kiluba du district du Lomami.

211) *Mammea africana* SABINE ; Clusiacées
boti , boto
= *Garcinia golaensis* = *Ochrocarpus africanus.*

GUIG., *maboto* en baka-bocanga, *bolélé* ['bòlēlē] en lissongo.
CTFT, *botomangui* en dialecte baya.
CHEV., *boto* en dialecte baya.

A rapprocher, d'après DUCH., *Pentadesma exelliana*, autre Clusiacée, *boto, booto* en dialecte mongo des districts de l'Equateur et de la Lulonga.

A noter le terme pahouin *abotzok* et des termes bantous voisins au Gabon (W. et S.).

212) *Manilkara fouilloyana* AUBREV. & PELLEGR. ; Sapotacées
gumbé (1)

213) *Manilkara letouzeyi* AUBREV. ; Sapotacées
mangénja, mongénja

Taxonomistes et prospecteurs différencient encore bien mal les espèces du genre *Manilkara* ; les confusions entre diverses espèces et avec des espèces des genres *Mimusops*, *Gambeya* (*Chrysophyllum*) et autres sont fréquentes.

GUIG., *Donella pruniformis*, *manzenze* [mànzɛ̀nzɛ̀], *manzounze* [mònzūnzɛ́] en lissongo ; *Manilkara multinervis* et *M. pellegriniana*, *monguinza* [mòngìnzà] en lissongo ; *Gambeya perpulchra*, *monzounze* [mònzūnzɛ́] en lissongo.
LB, mòlɔ̋.mónzūnzɛ́ (*Manilkara sp.*) en isongo.
CTFT, *Manilkara multinervis* et *M. pellegriniana*, *monguinza* en dialecte baya.
TISS., *Wildemaniodoxa* (*Chrysophyllum*) *laurentii*, *monzunze* [mònzūnzɛ́] en lissongo ; *Mimusops heckelii* (?), *monginza* en dialecte gbaya de Berbérati (République centrafricaine).

214) *Mansonia altissima* (A. CHEV.) A. CHEV. ; Sterculiacées
bambanja
= *Achantia altissima.*

215) *Maprounea membranacea* PAX & K. HOFFM. ; Euphorbiacées
mufafélé (1)

A rapprocher (?), d'après DUCH., *M. africana*, *kafulamma* (et termes voisins d'après F.C.B.) en dialecte tshiluba des districts du Kasai et du Sankuru ; d'après F.C.B., *M. africana*, *mafulafula* en dialecte kitchok du district du Kasai.

Le terme **mufafélé**, en pygmée bibaya, a également servi à désigner *Phyllanthus polyanthus* (n°270).

216) *Markhamia lutea* K. SCHUM. ; Bignoniacées
gonja, ngonja ; siambé (1)
= *Spathodea lutea.*

Voir espèce ci-dessous (n°217).

217) *Markhamia tomentosa* K. SCHUM. ; Bignoniacées
gonja, ngonja

= *Spathodea tomentosa.*

Voir espèce ci-dessus (n°216).

218) *Massularia acuminata* (G. DON) BULLOCK ex HOYLE ; Rubiacées
mindo (1)

= *Randia acuminata.*

LB, 'bòdìndà ou mòdìndà en isongo.

A rapprocher : d'après JMCT, ndí.ngbɔ̄ en ngbaka-'bakanga; d'après VERGIAT, *Randia etveldeana* (?), *limbo* en dialecte banda de République centrafricaine ; *R. stenophylla*, *oko limbo* en même dialecte.

D'après DUCH., *Randia macrantha*, *obadi-muindo* dans les districts des Bangala et de l'Ubangui et peut-être *R. malleifera*, *bapapinda*, *dibabinda*, *mabobinda* en dialecte (véhiculaire) lingala.

D'après BOUQ., *molindu* en dialecte (véhiculaire) songo et en dialecte bôngili de la région de Ouesso au Congo, également *olindu* en divers dialectes de la région de Fort Rousset.

D'après W. et S., *tsindo* et termes voisins en différents dialectes bantous du Gabon, *vilindō-lindō* en dialecte bakèlè (cf. note infrapaginale pour n°129).

219) *Meiocarpidium lepidotum* ENGL. & DIELS ; Annonacées
mambé léngé

= *Unona oliveriana* = *Uvaria zenkeri.*

Espèce dénommée *bēlēngē* en dialectes djem et badjué de la région d'Abong Mbang au Cameroun.

220) *Microdesmis puberula* HOOK. f. ex PLANCH. ; Pandacées
fifi ; **pipi** (d'après BOUQ.)

Cette espèce est parfaitement connue des Pygmées bibaya camerounais sous le nom de **fifi**. Or c'est avec une espèce voisine (*M. zenkeri*), dénommée *vēsakulē* par les Pygmées bagielli du Sud-Ouest camerounais, que des rapprochements peuvent être faits au Zaïre où cette espèce, d'après DUCH., est dénommée *kelule* dans les districts des Bangala et de l'Ubangui, et ceci parmi d'autres termes – fort nombreux et tous différents les uns des autres.

221) *Mildbraediodendron excelsum* HARMS ; Césalpiniacées
ékéla ; **kangola** (1)

Le terme **ékéla** désigne également, en pygmée bibaya, *Amphimas pterocarpoides* (n°11) ; le terme **kéla** désigne aussi en pygmée bibaya cette dernière espèce et parfois *Oldfieldia africana* (n°242).

222) *Milletia sanagana* HARMS ; Fabacées
nganda, nganga

GUIG., *nganda* [ngàndà] en lissongo.

223) *Mitragyna ciliata* AUBREV. & PELLEGR. et/ou *M. stipulosa* O. KUNTZE ; Rubiacées
langango

= *M. chevalieri* = *M. macrophylla* = *Nauclea macrophylla* = *N. stipulacea* = *N. stipulosa*.

(Les deux espèces en cause se distinguent difficilement sur le terrain).

224) *Monodora tenuifolia* BENTH. ; Annonacées
djingo

D'après BOUQ., *M. myristica*, *nzinga*, *nzingu*, *dzingu* en diverses régions du Congo.
JMCT, mɔ́kɔ̄.'bɛ̀ et nzíngò (*M. myristica*), 'bɛ̀ (*Monodora sp.*) en ngbaka-'bakanga.
LB, īngó (*M. myristica*) en isongo.

Voir notes concernant les genres *Isolona* et *Monodora* au n°190 (*Isolona thonneri*).

225) *Monopetalanthus pellegrinii* A. CHEV. ; Césalpiniacées
andung

Il s'agit d'un terme pahouin utilisé au Gabon pour désigner plusieurs grandes Césalpiniacées. Au Cameroun l'aire de cette espèce n'atteint la zone d'habitat des Pygmées bibaya que dans la région de Djoum.

226) *Morinda lucida* BENTH. ; Rubiacées
pogobofamé

= *M. citrifolia*.

227) *Mostuea batesii* BAK. ; Loganiacées
tèfé, tèpé

228) *Mostuea brunonis* DIDR. ; Loganiacées
muwawana (d'après BOUQ.)

229) *Mostuea sp.* ; Loganiacées
niembo (1)

230) *Musanga cecropioides* R. BR. ; Moracées
kombo

= *M. smithii*.

GUIG., *kombo kombo* [kòmbò] en baka-bocanga et [kòmbò] en lissongo.
CTFT, *kombo* en dialecte baya.
CHEV., *komba* en dialecte baya.
SILL., *kombo* [kòmbò] en lissongo.
D'après VERGIAT, *kokombo* en dialecte manja de République centrafricaine.
DUCH., *gombo* en dialecte ngbandi (Ubangi-Uele) et *kombo* en dialecte (véhiculaire) lingala ainsi que *okombo* dans les districts de l'Ubangui, des Bangala, de la Lulonga et de l'Equateur (et dans l'Uele d'après F.C.B.) ; *kombo-kombo* au Kivu.
BOUQ., *kombo*, *kombo-kombo*, *ikombo*, *mokombo* en dialectes akwa, songo (véhiculaire), yoombe, vili, kôyô, bôngili, bondjo des régions de Pointe-Noire, Fort-Rousset, Ouesso, Impfondo, au Congo.

W. et S., *nkombo-gombo* en dialectes bantous (mpongwé, galoa, nkomi, orungu), *kombo-gombo* en dialecte ngowé (groupe éshira-bantou), *mogombo* en dialectes mitsogo et apindji (groupe okandé-bantou) du Gabon.

Le terme *kombo* est utilisé en dialecte kaka au Cameroun (Batouri).

Il paraît intéressant de noter pour cette espèce très banale – le parasolier – que, parmi les noms vernaculaires, il est possible de distinguer deux grands groupes : ceux voisins de **kombo** (terme utilisé par les Pygmées bibaya du Sud-Est camerounais) et ceux voisins de *lésain* (terme utilisé par les Pygmées bagielli du Sud-Ouest camerounais) [9] , cette bipartition se retrouvant au Cameroun, au Zaïre, au Congo et au Gabon (pour la République centrafricaine seuls apparaissent à ce jour dans la littérature des termes voisins de **kombo**). Il est peut-être possible de tirer parti de ces filiations en matière linguistique et ethnographique, mais on ne peut oublier que l'espèce en cause est largement répandue et abondante partout.

231) *Myrianthus arboreus* P. BEAUV. ; Moracées
ngata

= *M. talbotii.*

BOUQ., *ngota* en dialecte bôngili de la région de Ouesso au Congo.

232) *Nauclea diderrichii* (DE WILD.) MERR. ; Rubiacées
monsé, mosé ; mosayuri, moséayuli ; lingi (1)

= *Sarcocephalus diderrichii* = *S. trillesii.*

Cette espèce n'est pas toujours bien distinguée de la suivante (n°233) par les prospecteurs.

DUCH., *bokese, bonkese, bonkesoi, mokese, monkesa, monkese* dans les dialectes mongo, turumbu et lokele des districts de la Lulonga, de l'Equateur et de Kisangani.

A noter, d'après CTFT, *linzi* en dialecte baya ; ceci explique l'appellation **lingi** donnée par un prospecteur pygmée de Gribi près Yokadouma ayant vécu vraisemblablement en milieu baya auparavant.

233) *Nauclea pobeguinii* (POBEGUIN ex PELLEGR.) PETIT ; Rubiacées
monsé, mosé

= *Mitragyna stipulosa* = *Sarcocephalus diderrichii* = *S. pobeguini.*

Cette espèce n'est pas toujours bien distinguée de la précédente (n°232), ni souvent de diverses espèces de *Mitragyna*, par les prospecteurs. De même, d'après LB, mòkòsē.kósē pour *Pausinystalia* cf. *johimbe* en isongo.

234) *Neoboutonia glabrescens* PRAIN (?) RL n° 5080-5639 ; Euphorbiacées
tubu

= *N. africana.*

BOUQ., *débou* en dialecte bekwil de la région de Ouesso au Congo.

---

[9] Le terme *lésain* est une forme dérivée (avec plusieurs termes intermédiaires) de *musenga*, dénomination utilisée en dialecte kiombé du Bas-Congo au Zaïre et qui a fourni le nom de genre pour le parasolier (*Musanga cecropioides*).

235) *Neosloetiopsis kamerunensis* ENGL. ; Moracées
dundu

D'après F.C.B., *ekwando*, *ekundo*, *itundo* en dialecte turumbu de la région de Kisangani.

236) *Nesogordonia papaverifera* (A. CHEV.) R. CAPURON ; Sterculiacées
tékéléké, tétéké
= *Cistanthera papaverifera*.

237) *Ochna calodendron* GILG & MILDBR. ; Ochnacées
mulébéngoy

238) *Ochthocosmus africanus* HOOK. f. ; Ixonanthacées
lékumbi, likumbi
= *O. dewevrei* = *O. senensis* = *Phyllocosmus africanus* = *P. dewevrei* = *P. sinensis*.

A rapprocher (?) d'après BOUQ., *nkinkemi* en dialecte koongo de la région de Brazzaville au Congo.

239) *Octolobus spectabilis* WELW. ; Sterculiacées
gangulu (1)

240) *Oddoniodendron micranthum* ED. BAKER ; Césalpiniacées
bemba, bimba (1)
= *O. gilletii*.

Le terme **bemba** désigne habituellement, en pygmée bibaya, *Gilbertiodendron dewevrei* (n°165) et parfois, d'une manière erronnée sans doute, *Afzelia bipindensis* (n°2) ; le terme **bimba** désigne accidentellement *Anthonotha cladantha* (n°20) et le plus souvent *Lecaniodiscus cupanioides* (n°201).

241) *Odyendyea gabonensis* (PIERRE) ENGL. ; Simaroubacées
bwadéndu ; lékadandu (1)

242) *Oldfieldia africana* BENTH. & HOOK. f. ; Euphorbiacées
bobindo ; nakisé, niamékisé ; bangafendé (1), **kéla** (1).

Cette espèce, éparse dans le Sud-Est camerounais, est fort mal connue des Pygmées bibaya.

Peut être rapproché, d'après GUIG., *mongondo* [mòngɔ̄'dū] en lissongo et d'après LB, mòngɔ̄'dū ou fākā.gámbā en isongo.

Le terme **kéla** est utilisé aussi, en pygmée bibaya, pour désigner *Amphimas pterocarpoides* (n°11) ; **ékéla** désigne aussi en pygmée bibaya cette dernière espèce, ainsi que *Mildbraediodendron excelsum* (n°221).

243) *Omphalocarpum lecomteanum* PIERRE ex ENGL. ; Sapotacées
mbaté
= *O. bomanchensis* = *O. claessensii* = *O. injoloense* = *O. letestui* = *O. mildbraedii*.

Espèce non distinguée de la suivante (n°244) par les prospecteurs.

244) *Omphalocarpum procerum* P. DE BEAUV. ; Sapotacées
mbaté
= *O. congoense* = *O. laurentii* = *O. pierreanum*.

Espèce non distinguée de la précédente (n°243) par les prospecteurs.

GUIG., *mobate* [mò'bàtē] en lissongo.
DUCH., *mubata* en dialecte bena-koshi du district du Sankuru (Bukaka-Kabote) ; *O. ghesquieri*, *bomate* en dialectes mongo et nongo du district de l'Aruwimi (Mondimbi).
BOUQ., *obati* en dialecte bôngili de la région de Ouesso au Congo ; *obari*, *obarē* en dialectes mbôsi et kôyô de la région de Fort Rousset.

245) *Ongokea gore* (HUA) PIERRE ; Olacacées
busolo
= *O. kamerunensis* = *O. klaineana* = *Aptandra gore* = *Schoepfianthus zenkeri*.

Aptandra zenkeri (n°26), autre Olacacée, a été, en pygmée bibaya, désigné par le même terme.

246) *Ophiobotrys zenkeri* GILG ; Flacourtiacées
mobala, mogbala

LB, mòbābā en isongo.

Le terme **mobala** a également été utilisé, en pygmée bibaya, pour désigner *Trichilia prieureana* (n°344).

247) *Oxystigma oxyphyllum* (HARMS) J. LEONARD ; Césalpiniacées
gondo, gondu
= *O. mafuta* = *O. mortehani* = *Pterygopodium oxyphyllum*.

Le terme **gondo, gondu** désigne également, en pygmée bibaya, une espèce très voisine : *Gossweilerodendron balsamiferum* (n°167) ; il a aussi été utilisé pour *Stemonocoleus micranthus* (n°313).

248) *Pachyelasma tessmannii* (HARMS) HARMS ; Césalpiniacées
mbo
= *Stachyothyrsus tessmannii*.

249) *Pachypodanthium barteri* (BENTH.) HUTCH. & DALZ. ; Annonacées
molombo
= *Annona barteri*.

Espèce non distinguée de la suivante (n°250) par les prospecteurs.

250) *Pachypodanthium staudtii* ENGL. & DIELS ; Annonacées
molombo

Espèce non distinguée de la précédente (n°249) par les prospecteurs.

251) *Pachystela msolo* (ENGL.) ENGL. ; Sapotacées
poki (1)
= *P. argentea* = *P. bequaertii* = *P. robusta* = *Chrysophyllum msolo* = *Pouteria msolo* = *Pouteria zenkeri*.

252) *Panda oleosa* PIERRE ; Pandacées
kana, nkana
= *Porphyranthus zenkeri*.

GUIG., *bokana* en baka-bocanga et [bòkānā́] en lissongo.
DUCH., *bokana* dans les districts de l'Ubangi et des Bangala ainsi qu'en dialecte mongo du district de l'Aruwimi (Mondimbi).
BOUQ., *okana* en dialectes mbôsi, kôyô, akwa de la région de Fort Rousset ; *bokana*, *mukana* en dialecte bôngili de la région de Ouesso au Congo et *bokana* en dialecte (véhiculaire) songo.

253) *Pandanus candelabrum* BEAUV. ; Pandanacées
gédja
= *P. barterianus* = *P. heudelotianus* = *P. kamerunensis* = *P. leonensis* = *P. unwinii*.

254) *Parinari chrysophylla* OLIV. Devenue récemment *Maranthes chrysophylla* (OLIV.) PRANCE ; Chrysobalanacées
mombokola

Les confusions entre les différentes espèces de *Parinari* sont fréquentes (cf. n°254 et 255) et c'est ainsi que l'on peut relever :
DUCH., *P. congolensis*, *pompo* dans le district des Bangala, *mampombo* dans le district de l'Equateur ; *P. glabra*, *gongo* dans les districts des Bangala, de la Lulonga, de l'Equateur et de l'Aruwimi ; *P. subcordata* (= *P. holstii*), *bongongo*, *boongongo* en dialecte (véhiculaire) lingala du district de l'Equateur.
F.C.B., *P. congoensis*, *bogongo*, *congongo* en Equateur.
Peut encore être rapproché, d'après LB, mòlɔ̋.kɔ̋lɔ̋mā̋ pour *P. tenuifolia* (= *P. excelsa*) et gbàbòlò pour une espèce de savane, *P. polyandra*, en isongo ; de même, d'après DUCH., pour une autre espèce de savane, *P. curatellifolia*, *imbombo* en dialecte (véhiculaire) lingala des districts du Kasai et du Sankuru.

255) *Parinari excelsa* SABINE ; Chrysobalanacées
fo (1), **mombokola**
= *P. elliotii* = *P. holstii* = *P. tenuifolia*.

Voir ci-dessus (n°254) au sujet du genre *Parinari*.

Le terme **fo** est utilisé habituellement, en pygmée bibaya, pour désigner *Poga oleosa* (n°275).

256) *Parinari glabra* OLIV. Devenue récemment *Maranthes glabra* (OLIV.) PRANCE ; Chrysobalanacées
bokanga, bokanja
= *P. montanum*.

GUIG., *molo bokanza* [mòlɔ̋.'bókànzà] en lissongo.
LB, 'bòkànzà ou mòlɔ̋.'bòkànzà en isongo.
F.C.B., *kundja busu* dans la région de Kisangani.

257) *Parkia bicolor* A. CHEV. ; Mimosacées
ndembé
= *P. klainei* = *P. zenkeri*.

DUCH., *Parkia filicoidea*, *bolembelembe* en dialecte (véhiculaire) lingala du district de l'Equateur.

Le terme **ndembé** a aussi été utilisé, en pygmée bibaya, pour désigner *Aubrevillea kerstingii* (n°27).

Voir ci-après (n°258).

258) *Parkia filicoidea* WELW. ex OLIV. ; Mimosacées
ndembé ; **kèlè** (1)

DUCH., *bolembelembe* en dialecte (véhiculaire) lingala du district de l'Equateur.

Voir ci-dessus (n°257).

259) *Paropsia guineensis* OLIV. ; Passifloracées
djila, njila (1)

DUCH., *Paropsia grewioides*, *ndjili* dans le district du Bas-Congo (Kisantu. Peut-être Jardin botanique de Kisantu ? Le dialecte n'étant pas précisé d'autre part, la signification de ce rapprochement reste douteuse).

Le terme **djila, njila** est utilisé habituellement, en pygmée bibaya, pour désigner *Discoglypremna caloneura* (n°111).

260) *Pausinystalia johimbe* (K. SCHUM.) PIERRE ex BEILLE ; Rubiacées
adjadjo (1), **toboli** (1)

A rapprocher d'après W. et S., *ngandja* en dialecte galoa au Gabon.

Le terme **adjadjo** est le terme utilisé par les Djems du Cameroun, l'espèce en cause se trouvant en partie localisée dans l'aire de ces populations, au sein de l'habitat des Pygmées bibaya camerounais.

261) *Pausinystalia macroceras* (K. SCHUM.) PIERRE ex BEILLE ; Rubiacées
wasara, wasasa
= *P. brachythyrsa* = *Corynanthe brachythyrsus* = *C. macroceras*.

DUCH., *P. bequaertii* (= *Corynanthe bequaertii*), *kawasa wasa* en dialecte (véhiculaire) kiswahili du Maniema.

262) *Penianthus longifolius* MIERS ; Menispermacées
shombolo, sombolo ; **njiki** (1)
= *P. fruticosus*.

GUIG., *sembolo* [sèmbòlò] en dialecte lissongo.
DUCH., *essembele*, *sembele* dans le district des Bangala.
BOUQ., *simbolo*, *shiembolo* en dialecte (véhiculaire) songo au Congo.

263) *Pentaclethra eetveldeana* DE WILD. & TH. DUR. ; Mimosacées
mbalaka yambim (1), **mengégné** (1)

Les termes **mingégné, nguényé** désignent habituellement, en pygmée bibaya, *Scorodophloeus zenkeri* (n°308).

264) *Pentaclethra macrophylla* BENTH. ; Mimosacées
mbalaka

GUIG., *m'bala* [mbá̄lá] en dialecte baka-bocanga ; à rapprocher *g'bagba* [gbágbá] en dialecte lissongo.
LB, mbālākā en isongo.
CTFT, *m'balanga* en dialecte baya.
CHEV., *mbalanga* en dialecte baya.
DUCH., *baala, boala, boale, bwala, mboala, mobala* en dialectes mongo, gombe et kundu des districts de la Lulonga et de l'Equateur ; *P. eetveldeana*, *beka* et *mbala* au Kivu.
F.C.B., *mobala* dans la région de Kisangani.
BOUQ., *ombala* en dialectes mbôsi et akwa de la région de Fort Rousset, *mbala* en dialecte (véhiculaire) songo et des termes voisins (*munbala, obala, bobala, eba, leba*) en diverses régions du Congo.

A noter que les termes *mbala*, *ombala*, *bembâla*... se retrouvent au Gabon (PELLEGRIN, W. et S.).

265) *Pentadesma butyracea* SABINE ; Clusiacées
gambé, gambi (1)
= *P. grandifolia* = *P. kerstingii* = *P. leucantha* = *P. nigritiana*.

Les confusions entre Clusiacées sont fréquentes et le terme **gambé, gambi** désigne également, entre autres Clusiacées, *Garcinia punctata* (n°164) et *Symphonia globulifera* (n°326).

266) *Pericopsis elata* (HARMS) VAN MEEUWEN ; Fabacées
mobay
= *Afrormosia elata*.

DUCH., *Afrormosia brasseuriana* (= *Ormosia brasseuriana*), *mubaya* en dialecte bena-koshi au Kasai et au Shaba, d'après plusieurs collecteurs. L'examen des échantillons actuels de l'Herbier de Bruxelles ne permet cependant pas de retrouver l'origine certaine de cette dénomination mais on note encore, d'après DUCH. et F.C.B., *mubanga* en plusieurs dialectes du Shaba.

A. angolensis (= *A. brasseuriana*) est une espèce de savane dont le tronc présente les mêmes taches rouges, très caractéristiques, que *A. elata*. L'analogie des noms vernaculaires ne résulte certainement pas du simple hasard.

267) *Phoenix reclinata* JACQ. ; Arécacées
ndengé

JMCT, ngɛ́ngɛ́ en ngbaka-'bakanga.
TISS., *ndenge* en gbaya (République centrafricaine).
SILL., *ndẽngè* en gbaya (République centrafricaine).

D'après W. et S., *ndigo*, *ndingo* en divers dialectes (mpongwé, galoa, nkomi, orungu, benga) au Gabon.

Le terme **ndengé**, sous réserve d'une correcte notation phonétique, a aussi été utilisé, en pygmée bibaya, pour désigner *Cephaëlis mannii* (n°64).

268) *Phyllanthus discoideus* (BAILL.) MÜLL. ARG. ; Euphorbiacées
kango, kangu
= *Cicca discoidea* = *Fluggea klaineana* = *F. obovata* var. *luxurians*.

BOUQ., *mukanga* en dialecte laali de la région de Sibiti au Congo.

269) *Phyllanthus muellerianus* (O. KTZE.) EXELL ; Euphorbiacées
diose (d'après BOUQ.), **mbolongo** (d'après BOUQ.)

270) *Phyllanthus polyanthus* PAX ; Euphorbiacées
mufafélé (1)

Le terme **mufafélé**, en pygmée bibaya, a également servi à désigner *Maprounea membranacea* (n°215).

271) *Picralima nitida* TH. & HEL. DUR. ; Apocynacées
mototoko ; **mbola** (1), **mundanga** (1), **pusa** (1)
= *P. klaineana* = *P. macrocarpa* = *Tabernaemontana nitida*.

DUCH., *doko* dans le district de l'Equateur (Lukolela).

A rapprocher d'après BOUQ., *bondanga* en dialecte bôngili de la région de Ouesso au Congo.

Le terme **mototoko** désigne également, en pygmée bibaya, une espèce très voisine *Hunteria umbellata* (n°181).

Les termes **mbéla, mboloa** sont utilisés, en pygmée bibaya, pour nommer habituellement divers *Diospyros* (n° 104, 109, 110).

Le terme **pusa** est employé, en pygmée bibaya, pour désigner habituellement *Treculia africana* (n°340).

272) *Piptadeniastrum africanum* (HOOK. f.) BRENAN ; Mimosacées
kungu
= *Piptadenia africana*.

GUIG., *koungou* [kùngú] en baka - bocanga, *mokoungou* [mòkùngū] en lissongo.

CTFT et CHEV., *koungou* en dialecte baya.

DUCH., *bokungo*, *mokungu*, *likungu* en dialecte mongo des districts des Bangala, de la Lulonga et de l'Equateur ; *okungu* en dialecte tshitetela des districts du Sankuru et du Kasai ; *bangu* en dialecte kiombé du Mayumbe.

Le terme *kungu* est utilisé en dialecte kaka au Cameroun (Batouri) pour désigner la même espèce.

273) *Plagiostyles africana* (MÜLL. ARG.) PRAIN ; Euphorbiacées
molubélé ; **ngolé** (1)
= *P. klaineana* = *Daphniphyllum africanum*.

274) *Pleiocarpa bicarpellata* STAPF ; Apocynacées
musébé

DUCH., *Pleiocarpa tubicina*, *musabela* dans le district du Tanganyika-Moero.

275) *Poga oleosa* PIERRE ; Rhizophoracées
fo

Le terme **fo**, en pygmée bibaya, a également été utilisé pour désigner *Parinari excelsa* (n°255).

A noter le terme pahouin *afo*.

276) *Polyalthia suaveolens* ENGL. & DIELS ; Annonacées
botunga

BOUQ., *mutunga* en dialecte ndasa de la région Mossendjo-Zanaga, *otunga* en dialecte mbôsi de la région de Fort Rousset, *tunga* en dialecte kôta au Sud de Sembé, *mutonga* en dialecte bôngili de la région de Ouesso au Congo.

A noter le terme pahouin *otungi* et, d'après W. et S., des termes bantous voisins au Gabon.

277) *Polyscias fulva* (HIERN) HARMS ; Araliacées
ndongé (1)
= *P. ferruginea* = *P. preussii* = *Panax fulvum*.

DUCH., *lipongi* en dialecte kundu du district de l'Equateur, *ndongi* au Kivu.

278) *Porterandia cladantha* (K. SCHUM.) KEAY ; Rubiacées
ngobo
= *Randia cladantha*.

A rapprocher, d'après CTFT, *tengombou* en dialecte baya ; d'après BOUQ., *ngove* en dialectes ndasa et mbaamba de la région située au Nord de Sibiti.

279) *Pseudospondias microcarpa* (A. RICH.) ENGL. ; Anacardiacées
éwungu, wungu
= *Haematostaphis pierreana* = *Spondias microcarpa* = *S. zanzee*.

BOUQ., *eyungu* en dialecte ényélé de la région située au Nord d'Impfondo au Congo.

280) *Pteleopsis hylodendron* MILDBR. ; Combrétacées
mobito
= *P. suberosa*.

281) *Pterocarpus mildbraedii* HARMS ; Fabacées
gandu (1)

Le terme **gandu** est aussi utilisé, en pygmée bibaya, pour désigner *Lebruniodendron leptanthum* (n°200).

282) *Pterocarpus soyauxii* TAUB. ; Fabacées
ngèlé

GUIG., *n'guele*, *n'guere* [ngɛlɛ] en baka-bocanga.
DUCH., *ngele* en dialecte mayogo de l'Uele ; *wele*, *wuele* en dialecte turumbu du district de Kisangani (Yangambi) ; *Pterocarpus sp.*, *ouele* en dialectes turumbu et lokele des districts de Kisangani et du Maniema.

A rapprocher d'après BOUQ., pour *Pterocarpus spp.*, *ngula*, *ngula kabire* en dialecte laali de la région de Sibiti, *ngolo* et *mogila* en dialectes bondjo et ényélé de la région située au Nord d'Impfondo.

283) *Pterygota bequaertii* DE WILD. ; Sterculiacées
mauya

A noter, d'après DUCH;, pour *Cola sp.*, *gunguya* au Kivu.

Les confusions entre *Cola*, *Pterygota* et *Sterculia* sont fréquentes chez les prospecteurs.

284) *Pterygota macrocarpa* K. SCHUM. ; Sterculiacées
muyali (1)

A rapprocher de **mauya** ; voir note au n°283.

Le terme **muyali** est habituellement utilisé, en pygmée bibaya, pour désigner *Antrocaryon micraster* (n°25).

285) *Pycnanthus angolensis* (WELW.) WARB. ; Myristicacées
éténgé, téngé, tingé

= *P. kombo* = *P. mechowii* = *P. microcephalus* = *P. schweinfurthii* = *Myristica angolensis*.

DUCH., *tengetenge* en dialecte kiluba du district du Lomami.
BOUQ., *tege* et *enteye* en dialectes ndasa et mbaamba de la région située au Nord de Sibiti, *tiendie*, *itende* et *tẽghẽ* en dialectes bokiba, bôngili et bekwil de la région de Ouesso, au Congo (voir au n°142 en ce qui concerne les rapports entre le Nord et le Sud du Congo).

A noter le terme pahouin *ẽteng*.

286) *Pycnocoma sp.* ; Euphorbiacées
temboka (1)

BOUQ., *P. aff. chevalieri*, *etombo* en dialecte bondjo de la région située au Nord d'Impfondo au Congo.

287) *Quassia africana* (BAILL.) BAILL. ; Simaroubacées
ngoka mahombe (d'après BOUQ.)

A rapprocher (?) d'après DUCH. et d'une manière très douteuse, *madimbodimbo* dans le district des Bangala.

288) *Raphia hookeri* MANN & WENDL. ; Arécacées
ésié, mésié (1)

(*Raphia* disséminé au long des grands cours d'eau ; peut-être ici dénomination scientifique erronnée).

Le terme **mésié** est le pluriel du terme **ésié** ; cette appellation collective n'est certainement pas d'origine pygmée bibaya et elle se retrouve chez diverses ethnies pahouines voisines ; ces dernières désignent d'ailleurs souvent chaque individu, d'une espèce vivant en peuplement, directement par la forme du pluriel.

289) *Raphia laurentii* DE WILD. et/ou *R. monbuttorum* DRUDE ; Arécacées
péké

JMCT, pèké (*Raphia sp.*) en ngbaka-'bakanga.
CTFT, *R. vinifera*, *peke* en dialecte baya.
TISS., *peke* [fèkē] en dialecte lissongo. Des termes voisins se retrouvent au Gabon (W. et S.).

290) *Raphia regalis* BECC. ; Arécacées
étim, métim ; **élolo** (1)

Voir note au n°288.

JMCT, ndímbá ou dímbá (*Raphia sp.*) en ngbaka-'bakanga.
LB, ndīmbā (*Raphia sp.*) en isongo.

291) *Rauvolfia macrophylla* STAPF ; Apocynacées
mbonga

DUCH., *R. obscura*, *konga* dans le district de l'Equateur ; *R. vomitoria*, *donga* dans les districts de l'Ubangi et des Bangala.

Des confusions semblent possibles avec d'autres Apocynacées, toutes à latex blanc ; ainsi, d'après JMCT, mbōngā pour *Alstonia boonei* en ngbaka-'bakanga et mòlő.mógùgà pour cette même espèce, d'après LB, en isongo.

Voir ci-après (n°293) **kambonga**.

292) *Rauvolfia obscura* K. SCHUM. ; Apocynacées
lokokolo (d'après BOUQ.)

DUCH., *Rauvolfia vomitaria*, *itokotoko* dans les districts des Bangala et de l'Ubangi.

A rapprocher d'après BOUQ., *Rauvolfia vomitaria*, *elolo* en dialecte bondjo de la région située au Nord d'Impfondo.

293) *Rauvolfia vomitoria* AFZEL. ; Apocynacées
fafanda (1), **kambonga** (1)
= *R. senegambiae* = *Hylacium owariense*.

Voir ci-dessus (n°291) **mbonga**.

A rapprocher (?), d'après LB, kōfāyókà en isongo.

Le terme **fafanda** a également été utilisé, en pygmée bibaya, pour désigner *Harrisonia abyssinica* (n°174).

294) *Rhodognaphalon brevicuspe* (SPRAGUE) ROBERTY ; Bombacacées
énonu, ténonu
= *Bombax brevicuspe*.

295) *Ricinodendron heudelotii* (BAILL.) PIERRE ex PAX ; Euphorbiacées
gobo
= *R. africanum* = *Jatropha heudelotii.*

CTFT et CHEV., *gopo* en dialecte baya.
SILL., *gopo* en dialecte gbaya de Berbérati (République centrafricaine).

A rapprocher (?) d'après F.C.B., *gongo* dans le district des Bangala (Dundusana).

296) *Rinorea aylmeri* CHIPP (?) ; Violacées
ngindi

Voir espèce suivante (n°297).

297) *Rinorea dentata* (P. BEAUV.) O. KTZE. (?) ; Violacées
ngindi (B)

Voir espèce précédente (n°296).

298) *Rinorea elliotii* ENGL. ; Violacées
sandjabongo (d'après BOUQ.)

Voir ci-après (n°300).

LB, mòsānzā ou mòlő.mósānzā pour *Rinorea spp.* en isongo.

299) *Rinorea ilicifolia* (WELW. ex OLIV.) O. KTZE. ; Violacées
toké (1)

A rapprocher d'après DUCH., *R. giorgii* et *R. mongalaensis*, *ekoke* et *edoke* dans les districts des Bangala et de l'Ubangui et termes voisins dans toute la province de l'Equateur.

300) *Rinorea oblongifolia* (C.H. WRIGHT) MARQUAND ex CHIPP ; Violacées
sanjambongo
= *Alsodeia welwitschii* = *Pittosporum oblongifolium.*

D'après LB, 'dòndèlò en isongo plus spécialement pour cette espèce, alors que **sanjambongo**, en pygmée bibaya, serait un nom générique pour toutes les nombreuses et souvent indistinctes espèces de *Rinorea.*

Voir ci-dessus (n°298).

301) *Samanea dinklagei* (HARMS) KEAY ; Mimosacées
bokondo
= *Albizia dinklagei* = *Cathormion dinklagei* = *Mimosa dinklagei* = *Pithecellobium dinklagei.*

302) *Santiria trimera* (OLIV.) AUBREV. ; Burséracées
libaba
= *S. balsamifera* = *Dacryodes trimera* = *Pachylobus balsamifera* = *P. trimerus* = *Santiriopsis balsamifera* = *S. trimera* = *Sorindeia trimera.*

A noter le terme pahouin *ébap.*

303) *Sapium ellipticum* (HOCHST.) PAX ; Euphorbiacées
kangamanja (1)
= *S. mannianum* = *Excoecaria manniana* = *Sclerocroton ellipticus.*

LB, mɔ̃nzɔ̃ (*Sapium sp.*) en isongo.

A rapprocher d'après F.C.B., *S. cornutum*, *okangakanga* en dialecte kitetela (= tshitetela) des districts du Kasai et du Sankuru.

304) *Scaphopetalum thonneri* DE WILD. & TH. DUR. et *Scaphopetalum sp.* RL 11761 ; Sterculiacées
mandogolongo

305) *Schrebera arborea* A. CHEV. ; Olacacées
kombé, ngolombé
= *S. chevalieri* = *S. golungensis.*

Peut-être peut-on faire un rapprochement entre **ngolombé** et **ngombé**, ce dernier terme désignant, en pygmée bibaya, *Celtis zenkeri* (n°63), arbre dont l'aspect extérieur de l'écorce n'est pas sans quelque analogie avec celui de *Schrebera arborea.*

Le terme **kombé** est aussi utilisé, en pygmée bibaya, pour désigner divers *Dialium* (n° 95, 96), sous réserve d'une correcte notation phonétique.

306) *Schumanniophyton magnificum* (K. SCHUM.) HARMS ; Rubiacées
gogologo, ngokoloko
= *S. klaineanum* = *Randia immanifolia* = *Tetrastigma magnificum.*

A rapprocher, d'après DUCH., *mololo* en dialecte mongo du district de la Lulonga et dans le district du Sankuru.

307) *Sclerosperma mannii* WENDL. ; Arécacées
mvié (1)

La désignation de cette espèce, en pygmée bagielli du Sud-Ouest camerounais est *mbia*, *mɓia*. D'après W. et S., *mvyẽ* en dialecte fang du Gabon.

308) *Scorodophloeus zenkeri* HARMS ; Césalpiniacées
mingégné, nguényé

DUCH., *yenghe* des districts de l'Uele.

A rapprocher d'après F.C.B., *nti guayi* de la région de Kinshasa (Mpese).

Le terme **mengégné** a aussi été utilisé, en pygmée bibaya, pour désigner *Pentaclethra eetveldeana* (n°263).

309) *Scottellia coriacea* A. CHEV. ex HUTCH. & DALZ. ; Flacourtiacées
buséké (1)
= *S. kamerunensis.*

310) *Spathodea campanulata* BEAUV. ; Bignoniacées
mbélémé

311) *Spondianthus preussii* ENGL. ; Euphorbiacées
dambu (1), **godjo** (1)
= *Megabaria trillesii* = *M. ugandensis*.

Le terme **godjo**, en pygmée bibaya, est utilisé pour désigner *Carapa procera* (n°54) et a aussi été employé pour *Trichoscypha patens* (n° 347).

312) *Staudtia stipitata* WARB. ; Myristicacées
malanga
= *S. congensis* = *S. gabonensis*.

GUIG., *molanga* [mòlàngà] en lissongo.
LB, mòlàngà (et mòlǒ.kǒlǒ) en isongo.
DUCH., *bolanga* en dialecte kundu des districts de la Lulonga et de l'Equateur ; *molanga* dans le district de l'Equateur (Lukolela) ; *Staudtia sp.*, *monanga* en dialecte nongo du district de l'Aruwimi.
BOUQ., *olanga* en dialecte akwa de la région de Fort Rousset, *molanga* en dialectes bondjo, bôngili et songo (véhiculaire) des régions d'Impfondo et de Ouesso au Congo.

D'après W. et S., *olangi*, *mulangu* en dialecte mindumu et *mulanga* en dialecte baduma (groupe baduma-bantou), *olanga* en dialecte bavové (groupe okandé-bantou) au Gabon.

313) *Stemonocoleus micranthus* HARMS ; Césalpiniacées
gondo, **gondu** (1)

Le terme **gondo**, **gondu** est normalement utilisé, en pygmée bibaya, pour désigner *Gossweilerodendron balsamiferum* (n°167) et *Oxystigma oxyphyllum* (n°247).

314) *Sterculia bequaertii* DE WILD. ; Sterculiacées
yébolo

JMCT, bólō (*S. setirega*, espèce de savane) en ngbaka-'bakanga.

Le terme **yébolo** a aussi été utilisé, en pygmée bibaya, pour désigner une autre Sterculiacée, *Cola altissima* (n°74).

Voir ci-après (n° 316 et 317).

315) *Sterculia rhinopetala* K. SCHUM.; Sterculiacées
bulembo
= *S. oblongifolia*.

316) *Sterculia subviolacea* K. SCHUM. ; Sterculiacées
yébolo (1)

Voir ci-dessus (n°314) et ci-dessous (n°317).

317) *Sterculia tragacantha* LINDL. ; Sterculiacées
yébolo ; **mboli** (1), **popoko** (1)

Voir ci-dessus (n° 314 et 316).

CTFT, *g'bokogolé* en dialecte baya.
DUCH., *bogo* en dialecte zande de l'Uele (Nala).

Le terme **mbolé** désignant *Cola gigantea* (n°75), en pygmée bibaya, peut évidemment être rapproché de **mboli**. De même le terme **fofoko**, désignant *Cola lateritia* (n°76), peut être rapproché de **popoko**.

318) *Strephonema pseudocola* A. CHEV. ; Combrétacées
mbomu ; **kangmbom** (1)
= *S. apolloniense*.

319) *Strombosia grandifolia* HOOK. f. ex BENTH. ; Olacacées
épinedo, évindo
= *Levalleopsis densivenia* = *L. grandifolia* = *L. longifolia*.
Voir n° 320 et 321.

BOUQ., *Strombosiopsis tetrandra*, *bopilingi* en dialecte bomitaba de la région d'Impfondo au Congo.

320) *Strombosia pustulata* OLIV. ; Olacacées
bombongo
= *S. glaucescens* var. *lucida*.
Voir n°322.

Les distinctions entre diverses espèces appartenant aux genres *Strombosia* et *Strombosiopsis* ne sont pas toujours nettes pour les prospecteurs sur le terrain.

321) *Strombosia scheffleri* ENGL. ; Olacacées
épinedo, évindo
= *S. toroensis*
Voir n° 319 et 320.

322) *Strombosiopsis tetrandra* ENGL. ; Olacacées
bosiko ; **mbobongo** (d'après BOUQ.)
= *S. congolensis*.

BOUQ., *isiko* et *esiko* en dialectes bôngili et bondjo des régions de Ouesso et d'Impfondo au Congo ; *siko*, *nziko* en dialecte (véhiculaire) songo.

Voir n°319.

GUIG., *Strombosia glaucescens*, *molo siko* [mòlő.síkō] et *S. grandifolia*, *siko* [sìkō] en lissongo.
DUCH., *Strombosia grandifolia*, *musika*, *busika* au Kivu.
F.C.B., *Strombosia scheffleri*, *bosika* au Rwanda.

323) *Strychnos ternata* GILG ex LEEUWENBERG ; Loganiacées
dimba

324) *Suregada sp.* RL n° 5493-5493 bis ; Euphorbiacées
bongoy, bongwé (1)

325) *Swartzia fistuloides* HARMS ; Césalpiniacées
élékwo, éluku

Cassia mannii (n°56) est également désigné par les mêmes termes en pygmée bibaya, ce qui s'explique facilement par l'analogie des fruits de ces deux espèces.

Le terme voisin, sinon identique, **éléko** a également servi, en pygmée bibaya, à désigner *Fillaeopsis discophora* (n°154).

326) *Symphonia globulifera* LINN. f. ; Clusiacées

gambé, gambi

Les confusions entre Clusiacées sont fréquentes et le terme **gambé, gambi** désigne également, entre autres Clusiacées, *Garcinia punctata* (n°164) et *Pentadesma butyracea* (n°265).

327) *Synandrodaphne paradoxa* GILG ; Thyméléacées

bumba (1)

328) *Synsepalum stipulatum* (RADLK.) ENGL. ; Sapotacées

mokénjénjé (1)

JMCT, nzɛ́kɛ̀tɛ̀ pour *Synsepalum sp.* en ngbaka-'bakanga.

329) *Syzygium rowlandii* SPRAGUE ; Myrtacées

ésosi

= *S. abidjanense.*

Peut être rapproché, d'après DUCH., *Syzygium guineense*, *musuæu* au Kivu.

330) *Tabernaemontana crassa* BENTH. ; Apocynacées

fando, pando

= *T. durissima* = *Conopharyngia crassa* = *C. durissima* = *C. jollyana* = *Gabunia dorotheae.*

331) *Tabernaemontana penduliflora* K. SCHUM. (?) RL n° 12108 ; Apocynacées

tokoloko (1)

JMCT, bɔ́kɔ́ en ngbaka-'bakanga.

GUIG., *T. penduliflora* (= *Conopharyngia penduliflora*) et *T. crassa* (= *Conopharyngia durissima*), *lolo* [lòlò] en lissongo.

LB, lòlò et fɔ̄lɔ́.fɔ̄lɔ́ en isongo.

TISS., *T. penduliflora* (= *Conopharyngia penduliflora*), *bakoko* en dialecte gbaya-gbanu (République centrafricaine).

DUCH., *T. penduliflora* (= *Conopharyngia penduliflora*), *boko*, *bongwalolo* dans les districts des Bangala et de l'Ubangui ; *T. thonneri* (= *Conopharyngia thonneri*), *boko* dans les mêmes districts.

A rapprocher d'après W. et S., *Tabernaemontana sp.*, *otōka*, *tōka*, *tōku* en divers dialectes au Gabon.

A rapprocher d'après BOUQ., *T. crassa*, *kituku* en dialecte yaa de la région de Sibiti, *eloka* en dialecte akwa de la région de Fort Rousset, *ibuka*, *bibuabuka* en dialecte bôngili de la région de Ouesso, *bodoke* en dialecte bondjo de la région située au Nord d'Impfondo au Congo.

Le genre *Tabernaemontana* renferme plusieurs espèces souvent mal distinguées les unes des autres, par les prospecteurs et par les taxonomistes, et est très voisin du genre *Tabernanthe*. Les noms vernaculaires ci-dessus reflètent cette complexité et, de proche en proche, on trouve le terme *iboga* utilisé au Gabon pour désigner *Tabernanthe iboga*, espèce très connue en thérapeutique et magie ; au terme *iboga* s'ajoute d'ailleurs au Gabon de nombreux termes voisins (*boga*, *diboga*, *dibuga*, *dibugi*, *dibuyi*, *ēboga*, *ēbogē*, *lēboga*, *lēbuga*, *libuga*, *lēboka*, *obuka*) d'après W. et S., et ce terme *iboga* se retrouve au Congo pour désigner cette espèce, sous la forme *liboka* en dialectes vili et yoombe des régions de Pointe Noire et Dolisie, d'après BOUQ.

332) *Terminalia superba* ENGL. & DIELS ; Combrétacées
ngolu[10]
= *T. altissima*.

333) *Tessmannia africana* HARMS ; Césalpiniacées
paka
= *T. claessensii*.

Cette espèce et les suivantes (n° 334 et 335) fournissent du copal et c'est ce qui explique les désignations que l'on peut rencontrer pour d'autres copaliers (cf. *Guibourtia demeusei* n°173 ; TISS., pour divers *Copaifera* en divers dialectes ; F.C.B., *Copaifera mildbraedii*, *ɓaka* dans la région de Kisangani, *Daniella soyauxii* , *mupaka* dans la région du Kasai).

(D'après CHEV., *Pachylobus balsamifera* (= *Santiria trimera*), résinifère, *paka* en dialecte baya).

(D'après SILL., résine de *Canarium schweinfurthii*, *paka gbēri* en dialecte gbaya de Berbérati en République centrafricaine).

334) *Tessmannia anomala* (MICHELI) HARMS ; Césalpiniacées
paka
= *T. moesiekei* = *T. parvifolia* = *Baikiaea anomala* = *Cynometra bokalaensis*.

Voir ci-dessus *T. africana* (n°333).

335) *Tessmannia lescrauwaetii* (DE WILD.) HARMS ; Césalpiniacées
paka

Voir ci-dessus *T. africana* (n°333).

336) *Tetrapleura tetraptera* (SCHUM. & THONN.) TAUB. ; Mimosacées
daga, djaba, djaga
= *T. thonningii* = *Adenanthera tetraptera*.

LB, mbā.ākā et kàngā.yɛ̄yɛ̀ en isongo.
DUCH., *kiaka* en dialecte kiombé du Mayumbe [11].
BOUQ., *siaka moaka* et *tchiaka moaka* en dialectes yoombe et vili des régions de Dolisie et de Pointe Noire, *yaka* en dialecte akwa de la région de Fort Rousset.

---

[10] La désignation **ngolon** donnée par BOUQ. nous paraît phonétiquement erronnée ; il n'est d'ailleurs pas évident qu'elle ait été recueillie auprès de plusieurs informateurs.

[11] Se retrouve dans le Nord de l'Angola, *nkiakia* en dialecte kikongo (CAVACO).

D'après W. et S., *muyaga* en dialecte banzabi (groupe baduma-bantou) et *gyaga*, *yaga* dans les divers dialectes du groupe éshira-bantou au Gabon.

337) *Tetrorchidium didymostemon* (BAILL.) PAX & K. HOFFM. ; Euphorbiacées
djéné, njéné ; fofolo (1)
= *T. minus* = *Hasskarlia didymostemon* = *H. minor*.

LB, mòdìnìdìnì en isongo.

A rapprocher, d'après F.C.B., *gbalakokolo* en dialecte ngwaka du district de l'Ubangi. Le terme **fofolo** désigne habituellement, en pygmée bibaya, *Anthonotha macrophylla* (n°21) et a également été utilisé pour *Berlinia sp.* (n°37). A rapprocher cependant du terme pahouin *ëƒobolo* pour *Tetrorchidium didymostemon*.

A rapprocher, d'après BOUQ., *onziendzie* en dialecte kôyô de la région de Fort Rousset, *indjieli* en dialecte bôngili de la région de Ouesso, au Congo.

A noter que le terme utilisé par les Pygmées bagielli du Sud-Ouest camerounais pour désigner cette espèce est *djingëlë*.

Le terme **njéné** a aussi été utilisé, en pygmée bibaya, pour désigner *Harungana madagascariensis* (n°175).

338) *Thomandersia hensii* DE WILD. & TH. DUR. ; Acanthacées
ngoka

Voir espèce suivante (n°339).

339) *Thomandersia laurifolia* (T. ANDERS. ex BENTH.) BAILL. ; Acanthacées
ngoka (d'après BOUQ.)

Voir espèce précédente (n°338).

JMCT, ngbòká en ngbaka-'bakanga.

D'après BOUQ., nombreux termes voisins (*okuka*, *lokua*, *okoka*, *monkuka*, *ikoka*, *mokuka*, *dokoka*, *mokoka*) en divers dialectes, dans tout le Congo, pour plusieurs espèces de *Thomandersia*.

Le terme **ngoka** est aussi utilisé d'après BOUQ., en pygmée bibaya, pour désigner *Lophira alata* (n°205).

A noter le terme *lënkoga* utilisé par les Pygmées bagielli du Sud-Ouest camerounais pour désigner cette espèce.

340) *Treculia africana* DECNE. ; Moracées
fusa, pusa ; bongo (1)

JMCT, pìsá en ngbaka-'bakanga.
GUIG. et CHEV., *pusa* [fùsā] en lissongo.

Le terme **pusa** a aussi été utilisé, en pygmée bibaya, pour désigner *Picralima nitida* (n°271).

Le terme **bongo** désigne habituellement, en pygmée bibaya (s'il n'y a pas de minime différence phonétique ?) *Fernandoa adolfi-friderici* et *F. ferdinandi* (n° 146 et 147) ; il a aussi été utilisé, en pygmée bibaya, pour désigner *Ficus leprieurii* (n° 149).

341) *Trema orientalis* (L.) BL. ; Ulmacées
gosa, mogosa, nagwesa ; **mésiongo** (1); **sosé** (d'après BOUQ.)
= *T. guineensis.*

DUCH. et F.C.B. fournissent un grand nombre de termes voisins de *sosẽ* pour le Zaïre (dialectes lingala (véhiculaire), katalinga (?), mongo, gombe, turumbu dans toute la province de l'Equateur, autour de Kisangani, au Kasai et au Kwilu).
BOUQ. signale de même un grand nombre de termes voisins de *sosẽ* pour le Congo (pour le Sud, le Centre et le Nord de ce territoire).
W. et S. citent *musõsõbi*, *mosasa* pour les dialectes bantous des groupes éshira et okandé au Gabon.

Il semble donc qu'il n'y aît pas lieu de dissocier **gosa** de **sosé**, en pygmée bibaya, mais il s'agit sans doute là d'un exemple précis d'influences extérieures sur une racine commune, d'origine pygmée ou autre, pouvant s'exercer, en des lieux et éventuellement en des temps différents, sur des groupes de Pygmées appartenant cependant, à l'origine, au même grand ensemble babinga.

342) *Trichilia heudelotii* PLANCH. ex OLIV. ; Méliacées
mayimbo, mayombo
= *T. djalonensis* = *T. oddoni* = *T. zenkeri.*

Voir n° 343 et 345.

A rapprocher, d'après DUCH., *Trichilia prieureana*, *mambobo*, *mandwobo* dans le district des Bangala.

343) *Trichilia lanata* A. CHEV. ; Méliacées
mayimbonagbanga (1)
= *T. lancei* = *T. mildbraedii* = *T. montchalii.*

Voir n° 342 et 345. La signification exacte du mot composé **mayimbonagbanga** n'a pu être déterminée.

344) *Trichilia prieureana* A. JUSS. ; Méliacées
mobala (1)
= *T. senegalensis.*

LB, mò.bēlā.bēló en isongo pour *Turraea vogelii* (Méliacée).

Peut être rapproché, d'après DUCH., *mbula* en dialecte kiombe du Mayumbe.
Le terme **mobala** est utilisé habituellement, en pygmée bibaya, pour désigner *Ophiobotrys zenkeri* (n° 246).

345) *Trichilia rubescens* OLIV. ; Méliacées
mayimbo ; **mokimbu** (d'après BOUQ.)
= *T. derumieri* = *T. laurentii.*

Voir n° 342 et 343.

GUIG., *moyembeyembẽ* [mò.yɛ̄mbɛ̄.yɛ́mbɛ́] en lissongo.
BOUQ., *moyembeyembe* en dialecte (véhiculaire) songo.

346) *Trichoscypha abut* ENGL. & V. BREHM et/ou *T. acuminata* ENGL. ; Anacardiacées

ngoyo ; **movutu** (d'après BOUQ.)

= *T. braunii* = *T. congoensis* = *T. ferruginea* = *T. flamignii* = *T. laurentii* = *T. redingii* = *Emiliomarcelia braunii* = *E. congoensis* = *E. laurentii* = *Sorindeia mannii*.

A rapprocher **godjo**, *Trichoscypha patens* (n°347) et **ngoyayéndé**, *Trichoscypha sp.* RL n° 5431 (n°348).

Le terme **movutu** indiqué par BOUQ. (pour *Trichoscypha aff. abut*) représente très certainement un emprunt car ce terme, sous diverses formes, se retrouve largement répandu au Gabon d'après W. et S., dans le Sud du Congo d'après BOUQ. (pour *T. acuminata*) et d'autre part le nom pahouin utilisé au Cameroun est *amvut*.

Trichoscypha abut et *T. acuminata*, espèces très voisines, sont souvent confondues par les prospecteurs.

347) *Trichoscypha patens* (OLIV.) ENGL. ; Anacardiacées

mongola ; **godjo** (1)

A rapprocher **ngoyo**, *Trichoscypha abut* et/ou *T. acuminata* (n°346).

Le terme **godjo**, en pygmée bibaya, est utilisé pour désigner *Carapa procera* (n°54) et a aussi été employé pour *Spondianthus preussii* (n°311).

348) *Trichoscypha sp.* RL n° 5431 ; Anacardiacées

ngoyayéndé (1)

A rapprocher **ngoyo**, *Trichoscypha abut* et/ou *T. acuminata* (n°346).

349) *Tridesmostemon omphalocarpoides* ENGL. ; Sapotacées

tuba

= *T. claessensii* = *T. mortehani* = *Sideroxylon gossweileri*.

A rapprocher (?) d'après BOUQ., *lukambuta* en dialecte lumbu du Mayumbe congolais, avec inversion de syllabes semble-t-il.

Le terme **tuba** a également servi, en pygmée bibaya, à désigner *Donella ubanguiensis* (n°114).

Voir note au n°15 en ce qui concerne les confusions entre diverses Sapotacées.

350) *Triplochiton scleroxylon* K. SCHUM. ; Sterculiacées

bado, mbado

= *T. johnsonii* = *T. nigericum* = *Samba scleroxylon*.

GUIG., *bado*, *g'bado* [gbàdọ̀] en dialecte baka-bocanga.
CTFT, *bado* en dialecte baya.
F.C.B., *mbado* en dialecte ngwaka du district de l'Ubangi.

351) *Turraeanthus africanus* (WELW. ex C. DC.) PELLEGR. ; Méliacées

asama

= *T. klainei* = *T. malchairi* = *T. vignei* = *T. zenkeri* = *Bingeria africana* = *Guarea africana*.

Le terme *asama* a été retrouvé en dialectes djem et badjué de la région d'Abong Mbang au Cameroun.

A rapprocher (?) d'après DUCH., *esaso saso* dans le district des Bangala.

352) *Uapaca spp.* ; Euphorbiacées
séngi

GUIG., *Uapaca guineensis* et *U. heudelotii*, *singui* [sèngì] en lissongo.
CHEV., *Uapaca heudelotii*, *songué* en dialecte baya.

D'après DUCH., sous de multiples formes voisines de *osenge* sont désignées la plupart des espèces de *Uapaca* que l'on trouve dans les districts de la Lulonga et de l'Equateur et jusqu'aux districts du Kasai, du Sankuru et du Maniema.

Au Gabon d'après W. et S., ainsi qu'au Congo d'après BOUQ., se retrouvent, d'une manière générale pour désigner diverses espèces de *Uapaca*, des termes voisins de **séngi** et se rapprochant "de proche en proche" des termes utilisés au Cameroun en dialecte pahouin (*asam*) et en dialecte pygmée bagielli du Sud-Ouest (*lèsambo*).

353) *Vepris louisii* G. GILBERT ; Rutacées
liwoso ; tanda

A noter, d'après GUIG., qu'en dialecte baka-bocanga *tanda* [tàndà] désigne une espèce appartenant aux genres *Guarea* ou *Trichilia* ; peut-être l'analogie dans l'odeur des écorces explique-t-elle ce rapprochement ?

A quelques reprises, des prospecteurs pygmées bibaya ont affirmé que **liwoso** était le nom "d'autrefois, des parents" et **tanda** le nom actuel. S'agit-il encore (cf. *Beilschmiedia obscura* n°36) de la double vague pygmée, mentionnée par H. KOCH, dans le Sud-Est camerounais ? S'agit-il de l'adoption d'une dénomination propre à une autre langue (cf. ci-dessus *tanda* en dialecte baka-bocanga) en remplacement d'un terme ancien ? Y a-t-il quelque rapprochement à faire avec les termes *ilolo i lowe*, *lisolo li soko li ikale*, *yolowe* utilisés, d'après F.C.B., en dialecte turumbu du district de Kisangani ? Une autre interprétation recueillie sur le terrain suggère que **liwoso** désignerait l'arbre de grande taille et **tanda** l'arbre de petite taille, celui-ci alors utilisé pour la confection du manche de la lance des Pygmées bibaya.

354) *Vernonia conferta* BENTH. ; Astéracées
éba (1), **tongolongo** (1)

DUCH., *V. amygdalina* et *V. colorata*, *bondoloko* et *bondoloka* dans le district des Bangala (Likemi) ; *V. jugalis*, *tongo* dans le district du Bas Uele (Mobwasa - Aketi).

A rapprocher d'après W. et S., *ngongo* et termes voisins en dialectes bantous (apindji, galoa, mitsogo, masangu) au Gabon.

Le terme **tongolongo** a aussi été utilisé, en pygmée bibaya, pour désigner *Christiana africana* (n°67).

355) *Vitex rivularis* GÜRKE ; Verbénacées
munjékénjéké (1)

356) *Vitex spp.* ; Verbénacées
fulu, furu

Sans qu'il y ait de nettes certitudes, on peut rapprocher, d'après DUCH., un grand nombre de termes voisins de *filu*, *mufutu*... qui désignent plusieurs espèces (*V. congolensis*, *V. cuneata*, *V. kapirensis*, *V. madiensis*, *V. mombassae*, *V. polyantha*, *V. thomasii*) dans les régions méridionales du Zaïre, du Mayumbe au Shaba (et jusqu'en Zambie voisine (Ndola) ; cf. WHITE) par le Kwango, le Kwilu et le Kasaï. Cet exemple est en fait le seul que nous possédions (voir cependant *Pericopsis elata* n°266 et *Maprounea membranacea* n°215) de relations directes entre Sud-Est camerounais et totalité du Zaïre méridional, sans termes intermédiaires connus dans la cuvette centrale congolaise proprement dite. On retrouve au Gabon, d'après W. et S., pour *Vitex pachyphylla*, *mufilõ*, *mumfilu*, *munfila* en dialectes ngowé, balumbu, bapunu du groupe éshira-bantou. De même au Congo, d'après BOUQ., pour *V. madiensis*, *mufilu* et *mfilu wa makaanga* en dialecte laadi de la région de Brazzaville, *mufilu nseke* en dialecte beembe de la région de Sibiti, *tchifilu* en dialecte vili de la région de Pointe Noire. A rapprocher aussi les termes pahouins *ëvul*, *ëvus*, *ëvula* utilisés au Cameroun et au Gabon et des termes encore proches (*ëvino*, *gëvino*, *givinu*, *bopino*, ...) se retrouvant aussi dans ce dernier territoire, en divers dialectes et pour plusieurs *Vitex*. Enfin signalons le terme *mvulë* pour désigner *V. grandifolia* en pygmée bagielli du Sud-Ouest camerounais.

357) *Xylopia aethiopica* (DUNAL) A. RICH. ; Annonacées
ayan, éyan ; ngwo ; sangé (d'après BOUQ.)
= *X. dekeyzeriana* = *X. eminii* = *X. gilletii* = *Xylopium aethiopicum* = *Unona aethiopica*.

Voir notes ci-après (n° 358 et 359) au sujet des *Xylopia*.

LB, nzāngē en isongo.

A rapprocher (?), d'après DUCH., *mokwa*, *mukwa*, *nkwa* des districts du Bas-Congo et du Kwango (Kwilu) ; d'après F.C.B., *kwa*, *makwa* du district du Maniema (Malela).

358) *Xylopia hypolampra* MILDBR. ; Annonacées
bowenjo ; monjié, munjié ; mbusa (d'après BOUQ.), **moley** (1), **sangi** (1)
= *X. brieyi*.

Bien que cette espèce soit assez caractéristique et facile à reconnaître – botaniquement et forestièrement parlant – au sein du genre *Xylopia*, les dénominations, en pygmée bibaya, sont très fluctuantes et se rapportent ainsi à plusieurs espèces de *Xylopia* (cf. n° 357, 359 et 360), de même en d'autres dialectes.

Voir LB, mòlő.nzắngế en isongo.

A rapprocher de **mbusa**, d'après W. et S., *mobosa* pour *X. staudtii* en dialecte apindji du Gabon.

359) *Xylopia phloiodora* MILDBR. ; Annonacées
sangé, sangi

Voir note ci-dessus (n°358) au sujet des *Xylopia*, et ci-après :
GUIG., *Xylopia spp.*, *n'zanguë* [nzāngē] en lissongo.
CTFT, *Xylopia aethiopica* et *X. staudtii*, *sanguë* en dialecte baya.
DUCH., *Xylopia aethiopica*, *bossange*, *bossangi*, *mossange*, *mossanki* en dialectes kundu et mongo des districts de l'Equateur et de la

Lulonga, *X. butayei* (= *X. rubescens*), *mosangi* en dialecte (véhiculaire) lingala de la région du Kwilu, *X. gilletii* (= *X. aethiopica*), *bosange* dans le district de l'Equateur.

F.C.B., *Xylopia aethiopica*, *bosange* (Boyeka : cf. Boyera dans le district de l'Equateur ou Boyoka dans le district des Bangala ?), *bossanghe* dans le district de l'Equateur (Eala), *X. quintasii*, *mosangi* dans le district de l'Equateur (Lukolela), *Uvariastrum germainii*, *mosangi* en dialecte gombe.

BOUQ., *Xylopia aethiopica*, *nsange* en dialecte (véhiculaire) songo au Congo.

360) *Xylopia quintasii* ENGL. & DIELS ; Annonacées
loambano ; **munjié** ; **sangi** (1)
= *X. lane-poolei* = *X. striata*.

Voir notes ci-dessus (n° 358 et 359) au sujet des *Xylopia*.

DUCH., *Xylopia sp.*, *moamba* en dialecte kiombe du Mayumbe. En réalité ce terme et des formes voisines désignent, en plusieurs régions du Zaïre, diverses Annonacées arborescentes ou lianescentes.

A noter le terme pahouin *mvomba*.

III. LIANES LIGNEUSES ET SUBLIGNEUSES, NOMS PYGMÉES BIBAYA

Acacia pennata	bala
Adenia cissampeloides	pfulu (1)
Adenia sp.	kulu (1)
Agelaea spp.	bakala, pakala (cf. *Cnestis*)
Asparagus warneckei	pabili (1)
Ancistrophyllum secundiflorum	kao
Ancistrophyllum sp. RL 10605	kakawa (1)
Artabotrys rufus	nginda
Baissea axillaris (?)	mbwé (1)
Calamus deerratus	biyo ; mbion (1)
Capparis sp. RL 10417	titingbwé (1) (cf. *Uncaria sp.* et *Hugonia platysepala*)
Cissus barbeyana (?)	mongengélé (1)
Cissus glaucophylla	laboa (1)
Cissus sp.	basafa (1)
Cnestis sp.	bakala (cf. *Agelaea*)
Dalbergia hostilis	moséngaséngé, musingasingé
Dalbergia sp. RL 10569	lamba (1)
Dalhousiea africana	binjo (1)
Dewevrea bilabiata	ékata, kata ; kiala (B.[1], Sibiti)
Entada gigas	bongo, pobongo
Eremospatha sp. RL 11778 - 11794	pombo (1)
Fagara poggei	tombakisé (1)
Fagara viridis	bolongo (B)
Friesodielsia enghiana	mavembé, mavembényé
Gouania longipetala	bokéléfa, pokéléfa (cf. *Tetracera*)
Haumania danckelmaniana	basélé, pasélé
Hugonia platysepala	titingbé (1) (cf. *Capparis sp.* et *Uncaria sp.*)
Hugonia sp.	sio famé, sio pamé (cf. *Geophila obvallata* ?)
Hypselodelphis scandens	foso, poso ; lingombé

[1] d'après Bouquet.

Illigera pentaphylla	**diéaswa** (B)
Iodes africana	**musédimoakula** (B)
Loeseneriella sp. RL 5590	**mbéyé** (1)
Manniophyton fulvum	**kusa**
Milletia drastica	**bongo** (B)
Milletia duchesnei	**lamba** (1) (cf. *Dalbergia sp.*), **mokokodi** (cf. *Paullinia*)
Mucuna flagellipes	**koso** (1) (cf. *Physostigma*)
Mussaenda erythrophylla	**mongomba** (1)
Paullinia pinnata	**mokokodi** (1) (cf. *Milletia duchesnei*)
Physostigma venenosum	**koso** (1) (cf. *Mucuna*)
Piper guineense	**manjembé** (1), **mpokonbolo** (1), **ndukubi** (B)
Pyrenacantha lebrunii	**bofili, bovivi** (1)
Roureopsis obliquifoliolata	**tukusa**
Salacia sp. RL 5302	**ékuma** (1)
Salacia sp.	**mondendé** (1)
Salacia sp.	**pokonga** (cf. *Salacia sp.* B: **kunga**)
Smilax kraussiana	**ékungu** (1)
Strophanthus gratus	**néa** (1)
Strophanthus sarmentosus	**abuli, buli, ébul**
Strychnos spp.	**boku, buku** ; **bondo, bombondo**
Strychnos camptoneura	**bondo, bombondo**
Tetracera spp.	**pokéléfa** (1) (cf. *Gouania*), **pongélé, pongo, pongu**
Triclisia dictyophylla	**ngwo** (1)
Uncaria talbotii	**tinbuma** (1)
Uncaria sp.	**titingbwé** (1) (cf. *Capparis sp.* et *Hugonia platysepala*)
Urera cameroonensis	**manjembé**
Vitex thyrsiflora	**ndombi**

IV. PLANTES ET LIANES HERBACÉES, NOMS PYGMÉES BIBAYA

Acanthus montanus	**mbaka** (1)
Achyranthes sp.	**kokoso** (1) (cf. *Cyathula*)
Aframomum spp.	**dji, njii, njigi, njiyi**
Aframonum dalzielii	**tondo** (1)
Ageratum conyzoides	**akunu** (B), **kokoso**(1), **ndudjè** (1)
Anchomanes difformis	**bakunda, babakunda**
Anisotes zenkeri	**étolu, ndolu, tolu** (cf. *Pseuderanthemum* et *Whitfieldia*)
Arthropteris palisotii	**mbatama** (cf. *Lomariopsis*)
Asplenium africanum	**uya, wiya** (1) [1]
Ataenidia conferta	**boboko, bokoko**
Athyrium welwitschii	**bayoko** [2]
Bolbitis acrostichoides	**bayoko** [2]
Borreria sp.	**ndokolé** (B) [3]
Bulbophyllum sp.	**uya** (cf.[2])
Cercestis congoensis	**djégamé** (1) (cf. *Rhektophyllum*)
Cogniauxia podolaena	**monioku** (1)
Costus spp.	**gangalengè, gangélangé**
Costus engleranus	**libéki** (1)
Crinum natans	**lianga** (1), **sunango** (1)
Ctenitis protensa	**endélé**
Ctenitis sp.	**ènjamu** (1)
Culcasia scandens	**ékolé** (B)
Culcasia sp. RL 11700	**yombo** (1)
Cyathea camerooniana	**djumango** ; **njokéma** (1) (cf. *C. manniana* et *Marattia*)
Cyathea manniana	**djongo** (1) ; **gomango** (cf. *C. camerooniana*)
Cyathula achyranthoides	**kokoso** (1) (cf. *Achyranthes*)
Cyrtosperma senegalense	**kakawa**

---

[1] Terme général pour les Fougères épiphytes.

[2] Terme général pour les Fougères terrestres.

[3] d'après BOUQUET.

Dorstenia scabra	**djoabéa** (1)
Elytraria marginata	**yokokomé** (1)
Geophila obvallata	**mboféfamé** (1), **süafamé** (1) (cf. *Hugonia* ?)
Halopegia azurea	**banango** (1) ; **ngolu** (cf. *Terminalia superba*)
Hilleria latifolia	**sumba**
Hoslundia opposita	**ngaka konabélé** (B)
Impatiens irvingii var. *setifera*	**nokembé** (1) (cf. **mokembé** : *Diospyros hoylena* et *Marantochloa holostachya*)
Impatiens mannii	**nokembé** (1) (cf. **mokembé** : *Diospyros hoylena* et *Marantochloa holostachya*)
Ipomoea involucrata	**fulu** (1) (cf. *Vitex spp.*)
Lankesteria elegans	**bâmba**
Laportea ovalifolia	**sasangulu** (cf. *Urera*)
Leptaspis cochleata	**limbélingbé, dingbélingbwé, ndingbé-ngbé**
Lomariopsis congoensis et/ou *L. guineensis*	**mbatama** (cf. *Arthropteris*)
Loranthacées spp.	**mbéyé** (1)
Marantochloa holostachya	**bemba** ; **mokembé** (1) (cf. **nokembé** : *Impatiens irvingii* var. *setifera*, *I. mannii* et *Diospyros hoyleana*)
Marantochloa purpurea	**fondo, pondo**
Marattia fraxinea	**njokéma** (1) ; **djumango** (cf. *Cyathea spp.*)
Megaphrynium macrostachyum	**gongo, ngongo**
Microsorium punctatum	**uya, wiya** (1) [1]
Mitracarpum verticillatum	**ndokolé** (B)
Momordica spp.	**sopo** (1)
Momordica foetida	**sokpo** (1)
Nephrolepis biserrata	**manjumbu** (1) (cf. *Tectaria* et *Stenochlaena*)
Ocimum gratissimum	**ganako**
Oleandra distenta	**uya, wiya** (1) [1]
Olyra latifolia	**banjo** (1), **mbanjié** (1), **muténgé** (1)
Palisota ambigua	**ngaya, njaya** ; **mangabo** (1)
Palisota bracteosa	**sarambimbi, solambimbi**
Palisota megaphylla	**ngaya, njaya**
Palisota schweinfurthii	**ngaya, njaya**
Paspalum conjugatum	**akoa** (1)
Paspalum orbiculare (?)	**wowo** (1)
Pennisetum purpureum	**sosongo** (1)
Phymatodes scolopendria	**uya, wiya** (1) [1]

Piper umbellatum	dembélembé
Pseuderanthemum ludovicianum	ndolu (cf. *Anisotes* et *Whitfieldia*)
Pseuderanthemum tunicatum	maposo (1) ; ndolu (cf. *Anisotes* et *Whitfieldia*)
Pollia condensata	boko
Renealmia africana	mabomboko
Renealmia macrocolea (?) RL 4840	mabomboko
Rhektophyllum mirabile	djéfamé (cf. *Cercestis*)
Sarcophrynium brachystachyum	ngwasa
Sarcophrynium prionogonium	ngwasa
Scleria boivinii	kiyéyé, yéyé (cf. *Scleria sp.*)
Scleria sp. RL 10588	kiyéyé (1) (cf. *S. boivinii*)
Selaginella myosurus	njabolo (1)
Selaginella sp.	éndélénaku (1)
Setaria megaphylla	njo (1), boko (1)
Sida stipulata	ésié (B)
Sida sp.	simbi (1)
Stenochlaena mildbraedii	manjombo (1) (cf. *Tectaria* et *Nephrolepis*)
Streptogyna crinita	miswa
Tectaria sp.	manjombo, manjumbu (cf. *Nephrolepis* et *Stenochlaena*)
Thalia welwitschii	malèlè (1)
Thonningia sanguinea	badéngbwé
Trachyphrynium braunianum	ndikaséndé
Tristemma mildbraedii	mbosé (1)
Urena lobata	mbaya (1)
Urera repens	sasangulu (cf. *Laportea*)
Usnea barbata	mamba, bambakumba, mambakumba
Viscum congolense	pobuku (1)
Whitfieldia elongata	étolu, ndolu, tulu (cf. *Anisotes* et *Pseuderanthemum*).

CLASSIFICATION GÉNÉTIQUE DES LANGUES

Si l'auteur a choisi de respecter toujours l'orthographe de ses sources en matière de noms de langues, nous avons dû suivre dans cet index la démarche contraire afin de permettre au lecteur d'associer rapidement les langues citées avec les noms employés par les principaux ouvrages comparatifs[1].

C'est ainsi que nous reprenons dans l'index alphabétique tous les noms de langues avec l'orthographe employée dans le texte :

- si cette orthographe est suffisamment proche de celle des ouvrages comparatifs, nous ne faisons qu'une seule entrée contenant les deux formes (avec en plus les variantes pertinentes de dénomination, s'il en existe) ;

- si les deux orthographes diffèrent, le lecteur est renvoyé à celle des ouvrages comparatifs.

L'orthographe de toutes les langues non bantoues citées dans le texte est standardisée d'après Joseph GREENBERG, 1966, *The Languages of Africa*, Indiana University, Bloomington et Mouton & Co., La Haye (Gr dans l'index alphabétique).

La plupart de ces langues appartiennent au groupe "Eastern" (E) de la sous-famille "Adamawa-Eastern" (AE), elle-même incluse dans la grande famille Niger-Congo (NC). Le groupe "Eastern" est divisé par Greenberg en huit sous-groupes, numérotés de 1 à 8. Les langues y appartenant, citées dans le texte, sont les suivantes :

1. gbaya (∿ baya), manja (∿ manjia), ngbaka (∿ ngwaka)[2]
2. banda (avec ses dialectes linda, wasa et nyele (∿ ényélé ?))
3. ngbandi (∿ mogwandi), sango (∿ songo)
4. nzakara, zande
5. gbanzili (∿ (g)banziri), mayogo, monjombo (∿ monzombo), ngbaka (∿ baka, mbwaka)[2],

---

[1] Nous reprenons dans notre index aussi bien les citations de noms de langues que les références aux ethnies. Les citations à titre d'ethnie seulement sont marquées par une majuscule initiale dans l'entrée de l'index.

[2] Nous faisons exception pour les langues ngbaka, en employant l'orthographe phonologiquement correcte. Le ngbaka du sous-groupe E.1 est orthographié "mbaka" par GREENBERG, et celui du sous-groupe E.5 est orthographié "bwaka".

mundu

6. sere

7. aucune

8. mba (∿ kimanga ?)

Seules deux langues non bantoues citées sont à classer hors du groupe "Eastern" :

- le tikar, classé par Kay WILLIAMSON (1971, article "The Benue-Congo Languages and Ịjọ", in *Current Trends in Linguistics*, ed. T. A. SEBEOK, vol. 7, *Linguistics in Sub-Saharan Africa*, Mouton, La Haye, pp. 245-306) dans le groupe D (bantoïde) de la sous-famille "Benue-Congo" (BC) (famille Niger-Congo) de GREENBERG, groupe auquel appartiennent aussi les langues bantoues,

- et le mangbetu, langue du groupe "Central Soudanic" (CS) de la sous-famille Chari-Nile (CN) (famille nilo-saharienne (NS)).

Pour les langues bantoues, nous standardisons l'orthographe d'après Malcolm GUTHRIE, 1971, *Comparative Bantu*, vol. 2, Gregg Int. Publ. Ltd., Farnborough (Angleterre) (MC dans l'index alphabétique)

Chez GUTHRIE, les langues bantoues sont groupés par zones désignées par une lettre majuscule. A l'intérieur de chaque zone, les langues sont classées par groupes désignés par un nombre à deux chiffres. Les groupes représentés par des langues citées dans le texte sont les suivants :

A.30 : bẹnga (34)

A.40 : punu (∿ bapunu) (43), ngowé (langue non recensée)

A.60 : batị (∿ beti) (65)

A.70 : etọn (71), ewọndọ (∿ yaoundé) (72a), mvëlë (72b), bụlụ (∿ bane) (74), faŋ (∿ ntumu) (75)

A.80 : mvumbo (∿ mabéa, ngumba) (81), makaa (83), njëm (∿ badjué, djem) (84), bɛkwịl (85b), mɛdjịmɛ (∿ bangangtu) (86a), mpịɛmɔ (∿ mbimou) (86c)

A.90 : kakɔ (∿ kaka) (93)

La langue mvae (non recensée) doit aussi appartenir à la zone A.

B.10 : mpọngwẹ (11a), rọngọ (∿ orungu) (11b), galwa (∿ galoa)(11c), nkɔmị (11e)

B.20 : kɛlɛ (∿ bakèlè) (22), kọta (∿ bakota) (25)

B.30 : tsɔgɔ (∿ mitsogo, apindji) (31), kandẹ (∿ okandé) (32), bavové (non recensée)

B.40 : sira (∿ shira, eshira) (41), sangu (∿ masangu) (42), lumbu (∿ balumbu) (44)

B.50 : dụma (∿ baduma) (51p, nzɛbị (∿ njabi) (52), tsaangi (53)

B.60 : mbaama (∿ mbaamba) (62), ndụụmọ (∿ mindumu) (63)

B.70 : laali (73b), yaa (73c)

Les langues ndasa, simba et tié (non recensées) doivent aussi appartenir à la zone B.

C.10 : pandẹ (∿ ényélé ?) (12a), mbatị (∿ isongo, lissongo) (13), mbọmọtaba (∿ bomitaba) (14), bọngịlị (15)

C.20 : akwa (22), kọyọ (24), mbɔɸị (∿ mbôsi) (25)

C.30 : lingala (∿ mangala) (36d)

C.40 : ngɔmbɛ (∿ gombe) (41), batị (∿ libati) (43), bọa (∿ ababua, kiboie, kibali (?)) (44)

C.50 : lọmbọ (∿ turumbu) (54), kẹlẹ (∿ lokele, kịkere) (55)

C.60 : mɔngɔ (∿ lomongo) (61a), nkundo (∿ kundu, lokundu, mpama, pama) (61b), nongo (non recensé)

C.70 : tɛtɛla (∿ tshitetela) (71), kụsụ (∿ kikusu) (72)

C.80 : sɔngɔmɛnɔ (∿ basongo-meno) (82)

Les langues bena-koshi et kilundi (non recensées) doivent aussi appartenir à la zone C. La langue bokiba (non recensée) appartient soit à la zone A, soit à la zone C.

D.20 : balị (∿ kibali ?) (21), kọmọ (∿ kikumu) (23), lega (∿ kirega) (25)

D.40 : ndandị (∿ kindande) (42), nyanga (∿ kinianza ?) (43)

D.50 : hunde (∿ kihunde) (51), nyabungu (∿ tembo, kitembo) (53)

Les langues bila (kibila) et mbuti (bambuti), non recensées par Guthrie, doivent aussi appartenir à la zone D.

La langue talinge (katalinga), non recensée par Guthrie, doit appartenir à la zone E.

G.40 : swahili (∿ kiswahili, kingwana) (véhiculaire)

H.10 : bembe (∿ beembe) (11), vili (12), kongo du sud (∿ solongo, kikongo (?)) (16a), kongo central (∿ koongo ?) (16b), yombe (∿ yoombe, kiombe) (16c), laadi (16f), kongo du sud-est (∿ kikongo ?) (16h)

K.10 : ciokwe (∿ kitchok) (11)

L.20 : songe (∿ basonge) (23)

L.30 : luba-kasai (∿ tshiluba) (31a), luba-katanga (∿ kiluba) (33)

M.40 : taabwa (∿ kitabwa) (41), b̲emba (∿ kibemba) (42)

Un petit groupe de langues bantoues (ou bantoïdes) n'est pas cité nọminalement dans MG, mais a été recensé dans l'ouvrage *Linguistic Survey of the Northern Bantu Borderland*, Vol. I, 2ème partie, 1956 (NBii dans l'index alphabétique). Ces langues sont classées géographiquement de la façon suivante :

Zone Extrême Nord : nyanga-li (∿ kinianza ?) (A.1), ngbee (∿ kingbele) (A.3)

Zone Est : mbuti (∿ bambuti) (I), bila (∿ kibila) (III)

Les langues de la zone Est se trouvent en contact avec les langues de la zone D de Guthrie.

Zone Extrême Est : talinge (∿ katalinga) (A III).

Cette langue est en contact avec les langues de la zone E de GUTHRIE.[3]

Les langues des Pygmées bibaya, bagielli et bambuti n'ont pas été classées par les auteurs cités ci-dessus. Néanmoins, il peut être affirmé que les premiers parlent un dialecte ngbaka (Gr NC/AE/E.5), tandis que les Bagielli et les Bambuti parlent des langues bantoues.

Raymond BOYD

NOTE - Dans l'index ci-après, l'indicatif 1 se rapporte au chapitre "Exposé et discussion du problème", et l'indicatif 2 à l'appendice II "Liste des noms scientifiques ; l'indicatif complémentaire N se rapporte à des notes infrapaginales.

[3] Les informations concernant les langues bantoues non recensées par GUTHRIE sont tirées de M. A. BRYAN, 1959, *The Bantu Languages of Africa*, Oxford University Press, London.

INDEX ALPHABÉTIQUE DES NOMS DE LANGUES

A

B

C

D

E

F

G

H

I

K

L

M

N

O

P

R

S

TABLE DES MATIÈRES

PLANCHES PHOTOGRAPHIQUES

Clichés R. LETOUZEY

Quelle merveilleuse et audacieuse habileté pour grimper chercher du miel... ou des échantillons pour le botaniste !.

Avec ou sans contreforts caractéristiques, l'arbre possède certainement un nom pygmée.

Le campement de chasse, en pleine forêt, pendant plusieurs mois par an.

En rêvant aux souvenirs de chasse.

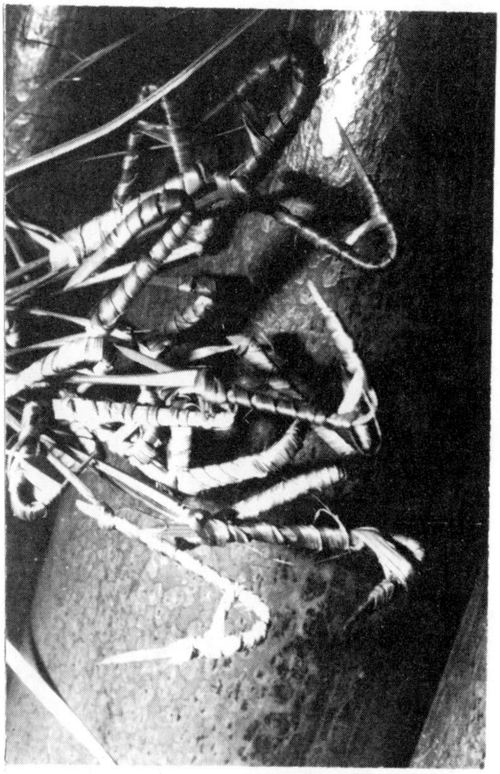

Récolteurs de miel, chasseurs... parfois aussi pêcheurs... et la forêt, avec ses *Haumania* et ses *Hypselodelphis,* fournit aussi les hameçons.

En compagnie d'un grand Noir, sur un rocher dominant la forêt.

Chez les Pygmées bagielli, de la hutte de Marantacées à la case d'écorce ou de palmes... ve
le chemin des «tours gratte-ciel» ; espérons que non.

S E L A F
5, rue de Marseille
75010 PARIS (France)
Tél. 208.47.66

PUBLICATIONS DE LA SELAF

Bibliothèque de la SELAF

Les années 1967 et 1968 sont parues sous le titre "Bulletin de la SELAF"

Année 1967

1. Gladys GUARISMA
   Esquisse phonologique du bafia (langue bantoue du Cameroun méridional) - *2° édition*
2. Marcel GROSS
   Essai pour une phonologie du baule (langue kwa de Côte-d'Ivoire) - *2° édition*
3. France CLOAREC-HEISS
   Essai de phonologie du parler banda-linda de Ippy (langue du sous-groupe Oriental du groupe Adamawa-Oriental, famille Niger-Congo, parlée en République Centrafricaine) - *2° édition*
4. Nicole TERSIS
   Essai pour une phonologie du gurma. Lexique gurma-français (langue gur du Nord-Togo) - *2° édition*

Année 1968

5. Claude HAGEGE
   Description phonologique du mbum (langue du groupe Adamawa, famille Niger-Congo, parlée au Cameroun centre-ouest) - *2° édition*
6. Suzanne PLATIEL
   Esquisse d'une étude du musey (langue des confins tchado-camerounais, famille Tchado-hamitique) - *2° édition*
7. Marie-Paule FERRY
   Deux langues tenda du Sénégal, basari et bedik (groupe de l'Ouest-Atlantique, famille Niger-Congo) - *2° édition*

8. Jean-Pierre CAPRILE
Essai de phonologie du mbay. Emprunts arabes en mbay (langue sara, groupe Soudanais-Central, famille Nilo-Saharienne, parlée aux confins du Tchad et de la République Centrafricaine) - *2° édition.*

9. Paulette ROULON
Essai d'une phonologie du tyembara (dialecte senoufo) - (langue gur de Côte-d'Ivoire) - *2° édition.*

10. Nicole TERSIS
Le parler dendi : phonologie, lexique, emprunts (langue véhiculaire nilo-saharienne du groupe songhai, parlée aux confins du Niger, du Dahomey et du Nigéria) - *2° édition.*

Depuis 1969, nos publications portent le titre "Bibliothèque de la SELAF", sous lequel sont déjà parus :

Année 1969

11. Claude HAGEGE
Esquisse linguistique du tikar (Cameroun) - (famille Niger-Congo, groupe Bénoué-Congo, sous-groupe Bantoïde).

12 - 13. Gabriel MANESSY
Les langues gurunsi. Essai d'application de la méthode comparative à un groupe de langues voltaïques.

14. France CLOAREC-HEISS
I. Banda-linda de Ippy. Phonologie. Dérivation et composition - II. Les modalités personnelles dans quelques langues oubanguiennes (discours direct — discours indirect) — (banda, manza, ngbaka et gbandili du sous-groupe Oriental d'Adamawa-Oriental, famille Niger-Congo).

15. Gladys GUARISMA
Etudes bafia : Phonologie. Classes d'accord. Lexique bafia-français (langue bantoue du Cameroun).

16. Geneviève CALAME-GRIAULE (éditeur)
Le thème de l'arbre dans les contes africains, I - 2° édition.
Introduction, par Geneviève CALAME-GRIAULE
I. L'arbre au trésor, par Geneviève CALAME-GRIAULE
II. L'arbre oven, par Louis MALLART-GUIMERA
III. Dialectique de la vie et de la mort autour de l'arbre dans les contes haïtiens, par Laënnec HURBON

Année 1970

17. Geneviève N'DIAYE-CORREARD
Etudes fca ou balante (dialecte ganja). Système des classes nominales. Lexique fca-français. Textes : I. Travaux et coutumes. II. Histoire. (langue du groupe Atlantique Occidental de la famille Niger-Congo).

18 - 19. Claude HAGEGE
Le mbum de Nganha (Cameroun). Phonologie. Grammaire. (langue du sous-groupe Adamawa, groupe Adamawa-Oriental, famille Niger-Congo).

20. Geneviève CALAME-GRIAULE (éditeur)
Le thème de l'arbre dans les contes africains, II.
Introduction, par Geneviève CALAME-GRIAULE
I. L'arbre justicier, par Veronika GÖRÖG-KARADY
II. L'arbre et le mariage, par Assia POPOVA
III. L'arbre ancestral, par John D. STUDSTILL

21 - 22. Simha AROM
Conte et chantefables ngbaka-ma'bo (République Centrafricaine) - I. Textes, II. Disques (8 textes avec traduction mot à mot et traduction intelligible, notes linguistiques et ethnographiques, commentaires, transcription musicale des chants de chantefables et enregistrement intégral des textes et chants).

Année 1971

23 - 24. Marcel VAN SPAANDONCK
L'analyse morphotonologique dans les langues bantoues (Identification des morphotonèmes et description de leurs représentations tonologiques), traduit du néerlandais et préfacé par Luc BOUQUIAUX.

25. André JACQUOT, Christiane PAULIAN, Paulette ROULON, Yves MONINO
Etudes bantoues I.
I. Devinettes laadi annotées (République du Congo-Brazzaville), par André JACQUOT
II. Esquisse phonologique du duala (République Fédérale du Cameroun), par Christiane PAULIAN
III. Notes linguistiques gbaya (langue Adamawa-Oriental, famille Niger-Congo) :
- *Rapport sur la phonologie d'un dialecte gbaya : le gbaya-'bodoe du groupe kaka*, par Paulette ROULON
- *Note sur la phonologie d'un dialecte gbaya de Berbérati*, par Yves MONINO
- *Esquisse d'une dialectologie gbaya*, par Yves MONINO

IV. Comptes rendus et résumés d'ouvrages et d'articles adressés à la SELAF en 1971.

26. Jean-Pierre CAPRILE
La dénomination des couleurs chez les Mbay de Moissala (une ethnie sara du sud du Tchad).

Notes linguistiques
Littérature orale (Activités d'un groupe d'études de l'ERA 246 du C.N.R.S., Responsable P.-F. LACROIX).
Langages et cultures (Activités d'un groupe d'études de l'ERA 246 du C.N.R.S., Responsable P.-F. LACROIX).
Problèmes théoriques et méthodologiques en description (Activités du groupe d'études de l'ER 74 du C.N.R.S. pendant l'année universitaire 1969-70, Responsable Jacqueline M.C. THOMAS).
Tons, catégories grammaticales et syntagmatique (Activités du groupe d'études de l'ER 74 du C.N.R.S. pendant l'année universitaire 1970-71, Responsable Jacqueline M.C. THOMAS).

27 - 28. Gisèle DUCOS

Structure du badiaranke de Guinée et du Sénégal (phonologie, syntaxe) - (langue du groupe Atlantique-Occidental, famille Niger-Congo).

Année 1972

29. Pierre-Francis LACROIX

L'expression du temps dans quelques langues de l'ouest africain. Etudes lexicales.

I. L'expression du temps en dogon de Sanga, par Geneviève CALAME-GRIAULE.

II. L'expression du temps chez les Bedik et les Basari du Sénégal oriental, par Marie-Paule FERRY.

III. Eléments d'analyse de la notion de temps dans la langue des Peuls du Niger, par Christiane SEYDOU.

IV. La division du temps chez les Peuls de l'Adamawa, par Pierre-Francis LACROIX.

V. Schéma d'analyse socio-linguistique de la notion de temps chez les Tyokossi, par Diana REY-HULMAN.

VI. L'expression du temps en samo, par Suzanne PLATIEL.

30. Anne RETEL-LAURENTIN et S. HORVATH

Les noms de naissance, indicateurs de la situation familiale en Afrique Noire.

31. Yves MONINO et Paulette ROULON

Phonologie du gbaya-kara 'bodoe de Ndongue-Bongowen (région de Bouar, R.C.A.) - (langue oubanguienne).

32. Johannes ITTMANN

Esquisse de la langue de l'association culturelle des Nymphes au bord du Mont Cameroun. Notes linguistiques + Comptes rendus.

33 - 34. Nicole TERSIS

Le zarma (République du Niger). Etude du parler djerma de Dosso - Phonologie, synthématique et syntagme nominal.

Année 1973

35 - 36 - 37. Gladys GUARISMA

Le nom en bafia (langue bantoue du Cameroun).

38. Pascal BOYELDIEU, Luc BOUQUIAUX, Xavier GUINET, Judith HEDGER

Problèmes de phonologie (yakoma, rundi, sungor, wolof)

39 - 40. Suzanne RUELLAND

La fille sans mains. Analyse de dix-neuf versions africaines du conte.

Année 1974

41. André JACQUOT

Les noms personnels en laadi (Kongo), répertoire onomastique.

42 - 43. Geneviève CALAME-GRIAULE (éditeur)
Le thème de l'arbre dans les contes, III.
Introduction, par Geneviève CALAME-GRIAULE
I. Inventaires africains, par Marie-Paule FERRY, Suzanne PLATIEL, Geneviève CALAME-GRIAULE, Christiane SEYDOU.
II. Le thème de l'arbre en Europe, par Ada MARTINKUS-ZEMP et Frank ALVAREZ-PEREYRE.

44 - 45. Simha AROM et Jacqueline M.C. THOMAS
Les Mimbo, génies du piégeage, et le monde surnaturel des Ngbaka-Ma'bo (R.C.A.).

46. Raymond BOYD
Etude comparative dans le groupe Adamawa.

Année 1975

47 - 48. Pascal BOYELDIEU
Etudes yakoma, langue du groupe Oubanguien (R.C.A.). Morphologie. Synthématique.

49 - 50. Christiane PAULIAN
Le kukuya, langue teke du Congo. Phonologie. Classes nominales.

51 - 52. Paulette ROULON
Le verbe en gbaya. Etude du syntagme verbal en gbaya-kara-'bodoe (région de Bouar, R.C.A.).

Année 1976

53. André JACQUOT, A.E. MEEUSSEN et Claire GREGOIRE
Etudes bantoues II.
1. Etude de phonologie et de morphologie myene, par André JACQUOT
2. Notes sur la tonalité du nom en laadi, par A.E. MEEUSSEN
3. Les suffixes verbaux et les finales de la conjugaison simple en laadi, par Claire GREGOIRE

54 - 55. Luc BOUQUIAUX (éditeur)
Théories et méthodes en linguistique africaine (Communications au IIe Congrès de la S.L.A.O., Yaoundé, avril 1974).

56. C. FAIK-NZUJI M.
Devinettes tonales luba. Tusumwinu.

57 - 58. René LETOUZEY
Contribution de la botanique au problème d'une éventuelle langue pygmée.

Année 1977

59 - 60. Germaine FORGES
Le kela, langue bantoue du Zaïre, Zone C. Phonologie, morphologie.

61 - 62. Jean-Pierre CAPRILE (éditeur)
Etudes phonologiques tchadiennes.

63 - 64. Gladys GUARISMA
Etudes vouté (langue bantoïde du Cameroun). Phonologie. Synthématique. Lexique.

Année 1978

65 - 66. Jacqueline LEROY
Morphologie et classes nominales en mankon (Cameroun).

67 - 68. Raymond BOYD et France CLOAREC-HEISS
Etudes Comparatives
1. A propos des ressemblances lexicales entre langues Niger-Congo et Nilo-sahariennes, par Raymond BOYD.
2. Etude préliminaire à une dialectologie banda, par France CLOAREC-HEISS.

69 - 70. Bernard SURUGUE
Etudes gurmance. Phonologie. Classes nominales. Lexique. (Niger).

Numéraux Spéciaux

1. Luc BOUQUIAUX et Jacqueline M.C. THOMAS (éditeurs) - LP 3-121 du C.N.R.S.
   ENQUETE ET DESCRIPTION DES LANGUES A TRADITION ORALE (2° éd.)
   I. L'enquête de terrain et l'analyse grammaticale, par Luc BOUQUIAUX et Jacqueline M.C. THOMAS (contributions de Simha AROM, Gladys GUARISMA et Jean-Claude RIVIERRE)
   II. Approche linguistique (Questionnaires grammaticaux et Phrases), par Daniel BARRETEAU, Luc BOUQUIAUX, Raymond BOYD, Jean-Pierre CAPRILE, France CLOAREC-HEISS, Michel DIEU, Gladys GUARISMA, Claude HAGEGE, Françoise LEDUC, Patrick RENAUD, Michka SACHNINE, Nicole TERSIS, Jacqueline M.C. THOMAS.
   III. Approche thématique (Questionnaire technique et Guides thématiques), par Simha AROM. Daniel BARRETEAU, Pierre BOITEAU, R.N.H. BULMER, Geneviève CALAME-GRIAULE, Jean-Pierre CAPRILE, Geneviève DOURNON-TAURELLE, Claudine FRIEDBERG, Pierre-Francis LACROIX (éd.).
   Paris, SELAF, (1971), 1975 (2° éd.), 3 vol. 910 p.

2. Denise FRANÇOIS
   Français parlé. Analyse des unités phoniques et significatives d'un corpus recueilli dans la région parisienne.
   Paris, SELAF, 1974, 2 vol., 842 p., 2 cartes.

3. COLLOQUES INTERNATIONAUX DU CENTRE NATIONAL DE LA RECHERCHE SCIENTIFIQUE
   LES LANGUES SANS TRADITION ECRITE : METHODES D'ENQUETE ET DE DESCRIPTION (Nice, 28 juin - 2 juillet 1971).
   Préface, par Gabriel MANESSY et Jacqueline M.C. THOMAS.
   I. Préliminaires à l'enquête. Elaboration des questionnaires, par Z. JUNKOVIC, A.N. TUCKER, A. PROST, P.-F. LACROIX, J.H. HOLLYMAN.
   II. Techniques d'information, par M. HOUIS, C. PAINTER, W. SAMARIN, G. CALAME-GRIAULE, G. ROUGET, R. FERRELL.
   III. Problèmes de comparaison généalogique, par G. MANESSY, H. JUNGRAITHMAYR, A.-G. HAUDRICOURT.
   IV. Constitution des corpus et méthodes de description, par J. DONEUX, B. POTTIER, H. OUNALLI et H. SKIK, J.-P. ANGENOT, L. BOUQUIAUX, S. AROM, J.-L. DONEUX, M. HOUIS, J.T. BENDOR-SAMUEL.
   V. Organisation et fonctionnement des équipes de recherche. Programmes et travaux en cours, par P.-F. LACROIX, P. ALEXANDRE, A. DIOP, M.-J. CALVET, J.-L. DONEUX, P.-F. LACROIX et S. PLATIEL, J.-P. CAPRILE, L. BOUQUIAUX.
   VI. Communications non discutées en séances, par S. SAUVAGEOT, J. GILL, Y. PLAM, J. LE SAOUT et L. DUPONCHEL, J. GORGONIEV, E. GREGERSEN, H.A. GLEASON.
   Paris, SELAF, 1975, 651 p.

4. Bernard Murray HAGGIS
   La phonie du français chez les trilingues twi.
   Paris, SELAF, 1975, 111 p.

5. Daniel CAZES
   Epigrafia maya y linguistica mayance. Bibliografia preliminar.
   Paris, SELAF, 1976, 250 p.

6. V.G. GAK
L'orthographe du français.
Paris, SELAF, 1977, 450 p.

En préparation :

Luc BOUQUIAUX, Gabriel MANESSY, Jan VOORHOEVE (éditeurs)
L'Expansion bantoue (Actes du colloque International du C.N.R.S., Viviers, avril 1977).

LACITO-Documents

ASIE - 1. - Maurice COYAUD (éditeur)
Littérature orale (Formose, Laos, Thaïlande et Corée) - (50 p.)

AFRIQUE - 1. - Suzanne RUELLAND
Lexique tupuri - (100 p. env.)

Collection «Tradition Orale»

"*LANGUES ET CIVILISATIONS A TRADITION ORALE*"

1. André-G. HAUDRICOURT, *Problèmes de phonologie diachronique* (réédition d'une série d'articles parus dans différentes revues françaises et étrangères).
   I. Introduction - II. Principes théoriques - III. Applications à l'histoire du français - IV. Premières applications en Indochine - V. Applications au karen - VI. Applications au vietnamien et au chinois - VII. Applications au miao-yao et au thai - VIII. Conclusions pour l'Indochine - IX. Applications en Océanie.
   Paris, SELAF, 1972, 384 p., cartes.
2. Gabriel V. SEVY, *Terre ngbaka : Etude de l'évolution de la culture matérielle d'une population forestière de République Centrafricaine.*
   Préface de Gilles SAUTTER - I. Esquisse ethno-historique - II. Aspects de la culture matérielle - III. Perspectives d'une économie nouvelle.
   Paris, SELAF, 1972, 416 p., 52 pl. phot.
3. France CLOAREC-HEISS, *Le verbe banda. Etude du syntagme verbal dans une langue oubanguienne de République Centrafricaine.*
   Paris, SELAF, 1972, 136 p., 2 cartes.
4. Martine MAZAUDON, *Phonologie tamang (Népal).*
   Paris, SELAF, 1972, 184 p., 2 cartes.
5. Jean-Claude RIVIERRE, *Phonologie comparée des dialectes de l'extrême-sud de la Nouvelle-Calédonie.*
   Paris, SELAF, 1973, 206 p., 3 cartes.
6. Roger LABATUT, *Le parler d'un groupe de Peuls nomades du Nord-Cameroun.*
   Paris, SELAF, 1973, 318 p., 2 cartes.
7. Petites-Soeurs de Jésus (Agadès), *Contes touaregs de l'Aïr.*
   Introd. de Lionel GALAND. Commentaires de Geneviève CALAME-GRIAULE.
   Paris, SELAF, 1974, 266 p.
8. Catherine PARIS, *La princesse Kahraman. Contes d'Anatolie en dialecte chapsough (Tcherkesse occidental).*
   Paris, SELAF, 1974, 290 p., 4 cartes.
9. Aurore MONOD-BECQUELIN, *La pratique linguistique des Indiens trumai (Haut-Xingu, Mato Grosso, Brésil). I.*
   Paris, SELAF, 1974, 260 p., 7 cartes, 9 pl. phot.
10. Aurore MONOD-BECQUELIN, *La pratique linguistique des Indiens trumai. II. Les aventures de Soleil et Lune, et autres mythes trumai (Haut-Xingu, Mato Grosso, Brésil).*
    Paris, SELAF, 1974, 219 p., 1 carte, 20 pl. phot.
11. Gerald TAYLOR, *Le parler quecha d'Olto, Amazonas (Pérou) : phonologie, esquisse grammaticale, textes.*
    Paris, SELAF, 1975, 111 p., 2 cartes.
12. Idelette DUGAST, *Contes, proverbes et devinettes des Banen du Cameroun.*
    Paris, SELAF, 1975, 575 p.

13. Marie-José et Jean DERIVE, et Jacqueline M.C. THOMAS, *La crotte tenace et autres contes ngbaka-ma'bo (R.C.A.)*
Paris, SELAF-ORSTOM, 1975, 228 p., 2 disques 17 cm. 33 t. (réalisation CETO, B. SURUGUE).

14. Alain BOUCHARLAT, *Le commencement de la sagesse. Devinettes rwanda.*
Paris, SELAF, 1975, 175 p.

15. Gabriel MANESSY, *Les langues oti-volta.*
Paris, SELAF, 1975, 350 p., 1 carte.

16. Gaston CANU, *La langue mo:re. Dialecte de Ouagadougou (Haute-Volta). Description synchronique.*
Paris, SELAF, 1975, 490 p.

17. Jacqueline de LA FONTINELLE, *La langue de Houailou (Nouvelle-Calédonie).*
Paris, SELAF, 1976, 383 p.

18. Jean DERIVE, *Collecte et traduction des littératures orales. Un exemple négro-africain : les contes ngbaka-ma'bo (R.C.A.).*
Paris, SELAF, 1975, 256 p., dessins.

19. Nicole TERSIS, *La mare de la vérité. Contes et musique zarma (Niger).*
Paris, SELAF-ORSTOM, 1976, 130 p., 2 disques 17 cm. 33 t. (réalisation CETO, B. SURUGUE).

20. Françoise OZANNE-RIVIERRE, *Le iaai (Langue mélanésienne d'Ouvéa).*
Paris, SELAF, 1976, 245 p., 2 cartes.

21. Joseph LE SAOUT, *Etude descriptive du gbã (Côte-d'Ivoire). Phonétique et phonologie.*
Paris, SELAF, 1976, 447 p., 2 cartes, sonagrammes.

22. Frank ALVAREZ-PEREYRE, *Contes et tradition orale en Roumanie. La fonction pédagogique du conte populaire en Roumanie.*
Paris, SELAF, 1976, 337 p.

23. Veronika GÖRÖG-KARADY, *Noirs et Blancs. Leur image dans la littérature orale africaine.*
Paris, SELAF, 1976, 428 p.

24. Marcel DIKI-KIDIRI, *le sango s'écrit aussi (R.C.A.)*
Paris, SELAF, 1977, 150 p.

Sous presse :

Luc BOUQUIAUX, *Dictionnaire sango (R.C.A.). Lexique français-sango.*
Paris, SELAF, 600 p.

France CLOAREC-HEISS et Jacqueline M.C. THOMAS, *Etudes aka I : L'aka, langue bantoue des Pygmées de Mongoumba. Introduction à l'étude linguistique (Centrafrique).*
Paris, SELAF, 250 p., 3 cartes.

Claudine FRIEDBERG, *Quelques pièces de littérature orale des Bunaq de Timor. (Textes recueillis et traduits par Louis BERTHE).*
Paris, SELAF, 220 p., 2 cartes.

Albert KIENTZ, *Contes Senoufo I.*
Paris, SELAF, 300 p., photos, dessins.

Lucien DEMESSE, *Changements techno-économiques et sociaux chez les Pygmées babinga.*
Paris, SELAF, 310 p., 3 cartes, documents annexes.

Suzanne RENOUF-STEFANIC, *Animisme et islam chez les Manza (R.C.A.).*
Paris, SELAF, 425 p., 2 cartes.

En préparation :

Jean-Claude RIVIERRE, *La langue de Touho. Phonologie et grammaire.*
Paris, SELAF, 400 p., 3 cartes.

Jean-Claude RIVIERRE, *Littérature orale cemuhi : I. Mythes, contes et poèmes. II. Textes historiques et cérémoniels.*
Paris, SELAF, 1300 p., 2 cartes.

Denise BERNOT, *Le prédicat en birman parlé*
Paris, SELAF, 400 p.

Bernhardt SCHEBECK, *Phonologies des langues australiennes.*
Paris, SELAF, 850 p., cartes.

Jean-Pierre CAPRILE, *Dictionnaire mbay-français et lexique français-mbay (langue sara du sud du Tchad).*
Paris, SELAF, 550 p.

Jean-Michel CHARPENTIER, *La langue de Port-Sandwitch (Nouvelles-Hébrides).*
Paris, SELAF, 240 p., 2 cartes.

1. Pierre ALEXANDRE, *Système verbal et prédicatif du bulu (Cameroun).* Paris, (Klincksieck) SELAF, 1966, 219 p.

2. Geneviève CALAME-GRIAULE, *Dictionnaire dogon, dialecte toro. Langue et civilisation.* Paris, (Klincksieck) SELAF, 1968, 372 p.

3. Idelette DUGAST, *Grammaire du tunen (Cameroun).* Paris, (Klincksieck) SELAF, 1971, 388 p.

4. Idelette DUGAST, *Lexique de la langue tunen, parler des Banen du sud-ouest du Cameroun.* Paris, (Klincksieck) SELAF, 1967, 260 p.

5. Pierre HELMLINGER, *Dictionnaire duala-français, suivi d'un lexique français-duala (Cameroun).* Paris, (Klincksieck) SELAF, 1972, 688 p.

6. François LUMWAMU, *Essai de morphosyntaxe systématique des parlers kongo,* Paris, (Klincksieck) SELAF, 1974, 287 p.

7. Claude PAIRAULT, *Documents du parler d'Iro, kùláál du Tchad.* Paris, (Klincksieck) SELAF, 1969, 286 p.

8. Alfa-Ibrahim SOW, *Chroniques et récits du Foûta-Djalon.* Paris, (Klincksieck) SELAF, 1968, 268 p.

9. Jacqueline M.C. THOMAS, *Contes, proverbes, devinettes ou énigmes, chants et prières ngbaka-ma'bo (R.C.A.).* Paris, (Klincksieck) SELAF, 1970, 918 p.

Collection «Asie du sud-est et Océan indien»

1. Bakoly DOMENICHINI-RAMIARAMANANA, *Le malgache.*
   Paris, SELAF, 1976, 120 p., 1 carte

   Adolphe RAZAFINTSALAMA, *Les Tsimahafotsy d'Ambohimanga. Organisation familiale et sociale en Imerina (Madagascar).*
   Paris, SELAF, 1976, 200 p., 3 cartes.

   Jacques DOURNES, *Mythes srê. Trois pièces de littérature orale d'une ethnie austro-asiatique.*
   Paris, SELAF, 300 p., 2 cartes.

   Nicole REVEL-MACDONALD, *Le palawan. Phonologie, catégories, morphologie.*
   Paris, SELAF, 220 p., 2 cartes.

   Henri CAMPAGNOLO, *Fataluku 1. Une langue non-austronésienne de Timor-Oriental (Brève présentation du groupe, méthode d'enquête et de description).*
   Paris, SELAF, 250 p., 3 cartes.

   André BAREIGTS, *Les Lautu. Contribution à l'étude de l'organisation sociale d'une ethnie chin de Haute-Birmanie.*
   Paris, SELAF, 520 p.

   Jacqueline MATRAS-TROUBETZKOY, *Le village et l'essart. Etude de la culture du riz chez les Brou du Cambodge (Province de Ratanakiri).*
   Paris, SELAF, 500 p.

Revue d'Ethnolinguistique Amérindienne

AMERINDIA 1.

Editorial, par Bernard POTTIER.
L'énoncé en langue andoke : sujet ou focus ?, par Jon LANDABURU.
Les transferts de classes en aymara (zone Lupaka), par Liliane PORTERIE-GUTTIEREZ.
Glotocronología hña-maclasinca--meco (Otopame), par Daniel CAZES.
Classes verbales et construction ergative en trumai, par Aurore MONOD-BECQUELIN.
Notes et documents, par Joaquín GALARZA et Sybille de PURY, Guy BUCHHOLTZER, Abdón YARANGA VALDERRAMA.
Bibliographie générale, par Bernard POTTIER.
Paris, SELAF, 1976, 180 p., cartes.

AMERINDIA 2.

Le pluriel transcatégoriel -ké' en nahuatl : contribution à l'étude de la relation "être-avoir", par Michel LAUNEY.
El pochuteco en la dialectología nahua, par Juan HASLER.
Materiales lingüísticos para la reconstrucción de la cultura hña-maclasinca--meco (Otopame), par Daniel CAZES.
Etude préliminaire de la morphologie du nom en tatuyo, par Elsa GOMEZ-IMBERT.
La Tortue et le Jaguar, conte andoke (Colombie), par Jon LANDABURU.
Chilueno ou arauco, langue des Changos du nord du Chili (dialecte mapuche septentrional), par André-Marcel d'ANS.
Les deux frères, conte quechua de La Jalca (Amazonas, Pérou), par Gerald TAYLOR.
Les amants punis, conte trumai (Haut-Xingu, Brésil), par Aurore MONOD-BECQUELIN.
Paris, SELAF, 1976, 160 p., cartes.

En préparation : AMERINDIA 3.

AMERINDIA est une revue d'ethnolinguistique publiée par l'Equipe de Recherche Associée (ERA 431) du Centre National de la Recherche Scientifique (CNRS, France), équipe dirigée par M. le Professeur Bernard Pottier.

Elle a pour but de contribuer au développement des études amérindiennes en publiant des articles de linguistique portant sur les langues indigènes d'Amérique, ainsi que des documents et des textes dans ces langues, analysés d'un point de vue linguistique et ethnographique.

Le Comité de rédaction d'AMERINDIA est disposé à examiner les manuscrits de tous les chercheurs en linguistique amérindienne.

Adresser toute correspondance au : Comité de Rédaction d'AMERINDIA
a/s Prof. Bernard POTTIER, ERA 431,
31, rue Gay-Lussac,
75005 PARIS, France.

TOUTE CORRESPONDANCE CONCERNANT LES PUBLICATIONS DOIT ETRE ADRESSEE A :

SELAF
5, rue de Marseille
75010 PARIS (France)
Tél. 208.47.66

Les adhésions à la "Société d'Etudes Linguistiques et Anthropologiques de France", ainsi que les renouvellements d'adhésion, sont à envoyer à cette même adresse.

Le règlement des cotisations est à effectuer de préférence par virement postal ou bancaire :

- *soit au compte de la Société :*
  SELAF, n° 40527 C, Crédit Lyonnais, Agence XK 418
  30, Bld de Magenta, 75010 PARIS.
- *soit au CCP du Crédit Lyonnais :*
  Crédit Lyonnais, Agence XK 418, CCP 947 PARIS.

en précisant sur le volet de correspondance :
"Pour le compte n° 40527 C de la SELAF"

Le prix de l'abonnement annuel à la Bibliothèque de la SELAF *est fixé comme suit :*

- *Membres individuels :*
  France et Marché Commun 80 FF.
  Autres pays 100 FF.
- *Bibliothèques, instituts et collectivités :* 150 FF.

Pour avoir le droit de vote *à l'Assemblée Générale Ordinaire, les membres de la Société sont tenus d'acquitter une cotisation dont le montant est fixé, pour l'année, à* 5 FF.

Pour l'achat de numéros isolés ou de collections de la Bibliothèque de la SELAF, *s'adresser directement au siège de la SELAF, à l'adresse ci-dessus, ou aux librairies spécialisées.*

- *prix du numéro simple :* 30 FF.
- *prix du numéro double :* 55 FF.
- *prix du numéro triple :* 70 FF.

Les autres commandes pour les différentes collections ou pour les disques doivent également être adressées au siège de la SELAF

*

Les manuscrits proposés pour la publication sont à envoyer au Comité de Rédaction à l'adresse de la SELAF, ci-dessus. Ils doivent être entièrement dactylographiés, en double interligne. Le mode de présentation, la mise en page et les caractères employés, étant fonction du procédé de reproduction et des normes de la Revue ou de la Collection, sont soumis aux décisions de la Rédaction.

Les manuscrits non insérés ne sont pas rendus.

Le contenu des publications (ouvrages, illustrations, disques), n'engage que la seule responsabilité des auteurs.

Une publication dans les Revues ou dans les Collections ne donne lieu à aucun versement de droits d'auteur. Toutefois, ce dernier recevra dix exemplaires de son ouvrage, ou dix tirés-à-part de son article. Il pourra en outre s'en procurer une dizaine d'exemplaires supplémentaires à tarif réduit.

INSTRUCTIONS AUX AUTEURS

Pour la remise d'un manuscrit à la SELAF, il est demandé aux auteurs de présenter un texte répondant aux normes ci-dessous et de fournir les indications suivantes :

1. Le NOM et les PRENOMS de l'auteur, son adresse et, éventuellement, son numéro de TELEPHONE.

2. Le TITRE de l'ouvrage (aussi concis que possible) et un sous-titre plus développé (indiquant, par exemple, lorsqu'il s'agit d'une langue, son groupe linguistique et le pays où elle est parlée).

3. Un SOMMAIRE (têtes de chapitres et grandes subdivisions de chaque chapitre).

4. Un RESUME de l'ouvrage en 10-15 lignes maximum.

5. Toutes les ILLUSTRATIONS de l'ouvrage (cartes, dessins, photos, schémas) sur papier blanc ou sur calque, *à part du texte* (même si elles doivent figurer dans le texte), avec indication de la *localisation souhaitée* dans l'ouvrage.

6. Un ou des INDEX (sauf pour quelques ouvrages où cela ne s'impose pas), renvoyant aux *paragraphes codés* (voir plus loin § 9) du texte et non pas aux pages du manuscrit.

7. Une BIBLIOGRAPHIE (complète des ouvrages cités dans le texte) respectant les normes bibliographiques rappelées dans la notice ci-après. Dans le texte et les notes, les références aux ouvrages seront faites de la façon suivante :
NOM de l'auteur, date, page - Ex. (ABRAHAM, 1962, 78).

8. Une TABLE DES MATIERES détaillée renvoyant aux *paragraphes codés* (voir ci-dessous, § 9) du texte et non aux pages du manuscrit.

9. Un PARAGRAPHAGE CODÉ du texte, c'est-à-dire une division en paragraphes absolument arbitraire : chaque page du texte doit comporter *au moins un* numéro de paragraphe, *au plus trois*. Le numérotage se fait en attribuant à chaque chapitre (y compris Avant-Propos, Introduction) un n° de 1 à x, et en subdivisant en paragraphes allant de 1 à x à l'intérieur de chaque chapitre. Ex. 1.1, 1.2, 1.3, 1.4, ... 1.12, 1.13, 1.14, ... 1.101, 1.102, 1.103 ..., 2.1, 2.2., 2.3, ... 2.20, 2.21, 2.22 ... (cf. n° 27-28, 29, 31 de la "Bibliothèque de la SELAF", n° 1 et 3 de la collection "Tradition Orale").

10. Le cas échéant, un ENREGISTREMENT sur bandes magnétiques en 9,5 cm/s ou mieux en 19 cm/s de bonne qualité (la Rédaction se réserve le droit de décider, après examen technique, de l'opportunité de la publication sonore).

11. Indication du nombre de TIRÉS-À-PART supplémentaires (payants) désiré. L'auteur reçoit gratuitement 10 tirés-à-part de son ouvrage ou de son article et peut indiquer à la SELAF 10 noms de personnalités (susceptibles de faire un compte rendu) auxquelles il désire voir adresser l'ouvrage.

INDICATIONS BIBLIOGRAPHIQUES

Les auteurs dont les contributions sont destinées à paraître dans les Revues ou Collections de la SELAF sont priés de se conformer aux règles ci-dessous quand ils citent des ouvrages et des articles, ou quand ils rédigent leur bibliographie.

I. OUVRAGES

1) NOM DE L'AUTEUR, en capitales, suivi de l'initiale du ou des prénoms, ou du prénom entier, éventuellement entre parenthèses. *Tiret.*
2) Date d'édition. S'il s'agit d'une réédition, on le signale en le notant explicitement, par exemple (3° éd.), ou en mettant en exposant après la date le numéro de l'édition : 1963^3. *Virgule.*
3) Titre de l'ouvrage souligné. *Virgule.*
4) Lieu d'édition. *Virgule.*
5) Nom de l'éditeur.
6) Entre parenthèses (Titre de la Collection. *Virgule.* Et numéro dans la collection), le cas échéant (si l'ouvrage fait partie d'une collection).
7) Nombre de pages (éventuellement la pagination en chiffres romains pour les Préfaces et Avant-Propos + la pagination en chiffres arabes). *Point.*
8) Lorsque l'ouvrage comporte des illustrations graphiques et/ou sonores, elles seront mentionnées après le nombre de pages, suivi d'une virgule, et avant le point (ex. : 125 p., 2 cartes, 5 pl.phot., 2 disques 33 t. 17 cm.).

Exemples :

ABRAHAM R.C. - 1962 (2° éd.), Dictionary of the Hausa Language, Londres, University of London Press, 992 p.

ABRAHAM R.C. - 1962^2 - Dictionary ...

WESTERMANN (D.), BRYAN (M.A.) - 1952, The Languages of West Africa, Londres, Oxford University Press for International African Institute (Handbook of African Languages, III), 215 p., 1 carte h-t.

II. ARTICLES

1) Idem que pour les ouvrages.
2) Idem que pour les ouvrages.
3) Titre de l'article non souligné. *Virgule.*
4) Lieu d'édition et nom de l'éditeur entre parenthèses.
5) Titre de la revue d'où l'article est extrait, souligné. *Virgule.*
6) Tomaison. *Virgule.* Entre parenthèses (éventuellement) le fascicule. *Virgule.*
7) Pagination de l'article (éventuellement illustrations). *Point.*

Exemples :

SASSOON H. - 1964, A Burial among the Birom, (Londres) Man, LXIV (1), pp. 8-10.

CARTER H. - 1964, Some problems of Double Prefix Distribution in Northern Rhodesian Tonga, (Londres, Macmillan) Journal of African Languages, 3 (3), pp. 241-251.

Lorsqu'un auteur a publié la même année plusieurs ouvrages ou articles, on les cite successivement par ordre alphabétique (sans tenir compte des articles définis ou indéfinis ni des prépositions), en faisant suivre la date de a, b, c, d ... Cette façon de procéder permet, dans le texte, de se référer à un ouvrage ou à un article sans en mentionner chaque fois le titre. En présentant une bibliographie comme dans les exemples ci-dessous, on pourra dire par exemple :

"Le problème a été examiné par MARTINET (1965 b, p. 42)",

plutôt que :

"... MARTINET, 1965, Le mot, Diogène, LI, p. 42."

Exemples :

MARTINET (A.) - 1960, Eléments de linguistique générale, Paris, Armand Colin, 224 p.
- 1965 a, La linguistique synchronique, Paris, PUF, 248 p.
- 1965 b, Le mot, (Paris), Diogène, LI, pp. 39-53.
- 1966, L'autonomie syntaxique, (Paris), Méthodes de la grammaire. Tradition et nouveauté, pp. 49-59.

Lorsqu'un article ou un ouvrage est publié sans date, on remplace celle-ci par la mention s.a. (*sine anno*) ou s.d. (*sine die*). Si le lieu de l'édition n'est pas indiqué, on le signale par la mention s.l. (*sine loco*).

III. COMPTES RENDUS

Le titre de l'ouvrage ou de l'article qu'on recense est cité suivant les mêmes conventions que ci-dessus, mais la date suit le nom de l'éditeur. Après l'indication de la pagination, on fait figurer, si on la connaît, la mention du prix.

Exemple :

HELMLINGER (Paul), Dictionnaire duala-français, suivi d'un lexique français-duala, Paris, Klincksieck (Langues et Littératures de l'Afrique Noire, IX), 1972, XXI+665 p. - Prix : 140 F.

Les auteurs désireux de faire paraître un compte rendu de leurs publications dans une revue de la SELAF sont priés d'en adresser un exemplaire au Directeur des Publications, à l'adresse de la SELAF.

COLLOQUES INTERNATIONAUX
DU
CENTRE NATIONAL DE LA RECHERCHE SCIENTIFIQUE

Sciences humaines

LA CLASSIFICATION NOMINALE DANS LES LANGUES NÉGRO-AFRICAINES

AIX-EN-PROVENCE
3-7 juillet 1967

Ouvrage in -8° raisin, 400 pages, relié

Prix : 62 F

ÉDITIONS DU CENTRE NATIONAL DE LA RECHERCHE SCIENTIFIQUE
15, quai Anatole France — PARIS VII

C.C.P. 9061-11 Tel.: 555-26-70

EDITIONS DU CENTRE NATIONAL DE LA RECHERCHE SCIENTIFIQUE
15, quai Anatole France 75700 Paris
C.C.P. 9061 11 Paris *Téléphone 555 26 70*

LEXIQUE

DES PARLERS ARABES TCHADO-SOUDANAIS

préparé par

Arlette ROTH-LALY

IV

Lettres K à Y

(Dernier fascicule de la collection)

AN ARABIC-ENGLISH-FRENCH LEXICON

of the dialects spoken in the Chad-Sudan area

compiled by

Arlette ROTH-LALY

Ouvrage in 4° coquille, 148 pages, broché.

PRIX : 35,50 F